图说红肉猕猴桃
丰产优质高效栽培技术

◎ 涂美艳　祝　进　编著

中国农业科学技术出版社

图书在版编目（CIP）数据

图说红肉猕猴桃丰产优质高效栽培技术 / 涂美艳，祝进编著. --北京：中国农业科学技术出版社，2022. 7

ISBN 978-7-5116-5679-7

Ⅰ.①图… Ⅱ.①涂… ②祝… Ⅲ.①猕猴桃－高产栽培－图解 Ⅳ.①S663.4-64

中国版本图书馆CIP数据核字（2021）第 272695 号

责任编辑	李 华
责任校对	马广洋
责任印制	姜义伟 王思文

出 版 者	中国农业科学技术出版社
	北京市中关村南大街 12 号　　邮编：100081
电 话	（010）82109708（编辑室）　　（010）82109702（发行部）
	（010）82109709（读者服务部）
网 址	http://www.castp.cn
经 销 者	各地新华书店
印 刷 者	北京地大彩印有限公司
开 本	170 mm×240 mm　1/16
印 张	15
字 数	261 千字
版 次	2022 年 7 月第 1 版　　2022 年 7 月第 1 次印刷
定 价	68.00 元

◄━━◄ 版权所有·侵权必究 ►━━►

《图说红肉猕猴桃丰产优质高效栽培技术》

编著委员会

审　　稿：王明忠　方金豹　江国良

主　编　著：涂美艳　祝　进

副主编著：徐子鸿　陈　栋　龚国淑　张　勇　岁立云

编著人员：（按姓氏拼音排序）

　　　　　侯春霞　何仕松　李　靖　李欢欢　李峤虹

　　　　　李欣瑶　李艳红　刘　原　刘春阳　刘俊豆

　　　　　蒲仕华　孙淑霞　宋海岩　唐合均　王玲利

　　　　　王燕平　许红飞　易　蓓　银登贵　朱　琳

序

PREFACE

　　中国是猕猴桃的故乡。四川省（含现重庆市范围，下同）地处亚热带，地域辽阔，气候温暖，雨量丰沛，猕猴桃属植物种类多，分布广，不同地区既有相同的种群，也有不同的种群，是猕猴桃的原产地和起源中心之一。四川省猕猴桃种质资源主要分布于东经102°～110°12′，北纬26°03′～34°19′的广阔地域内，为青藏高原与长江中下游平原的过渡地带。根据1981—1983年对四川省的野生猕猴桃资源全面调查，共有猕猴桃属植物18个种、5个变种、1个变型。其中分布最广、面积最大、产量最多的是美味猕猴桃（*Actinidia deliciosa* var. *deliciosa*）及其变种彩色猕猴桃(*A. deliciosa* var. *coloris*)，具有极高的经济价值，是栽培品种的主要育种材料来源。四川省野生猕猴桃资源总覆盖面积近36万km²，其中，盆地边缘山地猕猴桃资源分布比较集中，约有60万hm²。猕猴桃植物对自然环境条件的适宜能力较强，在四川省气温-20～40℃，日照1 000～2 600h，降水量720～1 800mm，相对湿度57%～87%，积温（≥10℃活动积温）3 000～5 600℃的地方都有猕猴桃植物生长。盆周山区的龙门山、米仓山、大巴山、巫山、七曜山、大娄山、峨眉山、邛崃山一带猕猴桃野生资源最为丰富。其垂直分布范围为海拔300～3 200m，最适海拔为600～1 800m。

　　四川省猕猴桃的产业化栽培，从1980年引进'海沃德'品种起步。当时通过日本友人从日本引进了新西兰的'海沃德'品种，在灌县（今都江堰市）玉堂镇原党校农场种植了800株，约30亩。栽培成功后，逐步在当地推广，后来四川省其他地区及省外种植者也多在这里引种，可以说四川省乃至其他地方栽培的'海沃德'多属这批猕猴桃的后代。当地至今还保留着引种的最原生植株，已有40多年树龄了，仍在结果，是四川省栽培品种中树龄最年长、辈分最高的古老猕猴桃树，也是四川省猕猴桃产业化栽培的历史见证。

为了发展四川省猕猴桃产业，四川省自然资源科学研究院自1981年就开始筹备新品种选育课题，早期育成的绿肉型美味品种'川猕1号''川猕2号''青城1号'和黄肉型中华品种'川猕3号''川猕4号'等"川猕系列品种"在苍溪县、雅安市及都江堰市等地得到较大面积推广，促进了四川省猕猴桃产业发展的第一次高潮。

1981年四川省从河南省收集了一批野生猕猴桃种子，播种在苍溪县的试验地里，想从播种的实生后代中选育出新品种。1986年从实生苗结果中发现了红肉果实，然后高接观察，红色性状稳定。于是1991年以"红肉猕猴桃新品种选育研究"为题，向四川省科委申报育种攻关课题并获得批准。按育种程序继续试验、观察、测试，各项性状稳定且口感非常好。尤其是鲜艳的呈放射状的红色果肉如初升的太阳，十分美丽。经测试，果实可溶性固形物高达19.6%，总糖13.45%，总酸0.49%，维生素C 135.77mg/100g，糖酸比达27，超过了许多品种的品质。1996年通过四川省科委主持的成果鉴定，并定名为'红阳猕猴桃'。至此，中国诞生了第一个红肉猕猴桃新品种，把猕猴桃的品质提高到一个新高度。2005年1月获得农业部第一个猕猴桃植物新品种权。之后，通过持续育种攻关，又先后从'红阳'杂交后代中选育出'红华''红什1号''红实2号'等，从彩色猕猴桃中选育出'红美'和'龙山红'，均获得农业部植物新品种权证书。红肉猕猴桃品种的选育和推广再次助推了四川省乃至全国猕猴桃产业的飞速发展。

但'红阳'等红肉猕猴桃品种对栽培条件及技术要求较高，生产中存在的问题较为突出。《图说红肉猕猴桃丰产优质高效栽培技术》一书，是一部有关红肉猕猴桃栽培管理技术方面的专门著作，是四川省一批农业科学技术研究院所、农业行政管理部门、基层农业技术推广站等专家和技术人员参与编写的。既有理论基础，也有实践知识；既有科研成果的应用，也有生产经验的总结；既能为红肉猕猴桃种植者指导生产，又能为科研工作者提供研究方向，可以满足多种人士的需求，是一本理论与实践相结合，科研与生产相结合的好书。

该著述内容全面，资料翔实，收集的数据广泛，可信度高，既可以作为种植者的生产指南，也可以作为科研、教学的重要参考。该著述文图并茂，通俗易懂，种植者可以"按图索骥"，犹如"看图识字"般的易学易懂易操作，特别对农民种植户大有裨益。

在物欲横流的当今，许多人追求物质享受的欲望泛滥，以至于横扫一切领域，渗透到每一个角落。从本书的作者看，是一群人，至少他们能耐得住寂寞，经得起物欲诱惑。跋山涉水，深入田边地角，指导生产，测试数据，整理资料，编写报告，著作成书。供同行们交流，供种植者使用，为脱贫攻坚和乡村振兴做着应有贡献，十分难能可贵！

《图说红肉猕猴桃丰产优质高效栽培技术》的主编，在成书之时，先送我一阅，并希望为该书写一篇序言。作为红肉猕猴桃研究的前行者，似有不可推卸之责，欣然写下前面那些文字，以飨读者。

热烈而衷心祝贺《图说红肉猕猴桃丰产优质高效栽培技术》出版！

四川省自然资源科学研究院

王明忠

2022年6月

前 言

　　猕猴桃原产于我国，是20世纪中后期以来野生果树栽培的成功典型。猕猴桃按果肉颜色可分为绿肉、黄肉和红肉，也常称为绿心、黄心和红心。其中，红肉猕猴桃因野生资源稀缺、果肉颜色独特、果实品质优异，自1997年四川省选育并推广世界首个红肉品种'红阳'以来，一直备受广大消费者和种植者热捧，该品种的诞生不仅为世界猕猴桃果肉颜色育种研究提供了宝贵材料，也助推了我国猕猴桃产业的飞速发展。四川省作为我国猕猴桃第二大产区，在王明忠、李明章、侯仕宣、余中树、吴世权等老师们的毕生奉献下，红肉猕猴桃选育种和产业化发展成效显著。如今，经过20余年栽培历程，红肉猕猴桃在全国20余个省（自治区、直辖市）得到了推广应用，栽培面积约占全国猕猴桃总面积的1/3。四川省作为全国红肉猕猴桃的老产区和主产区，是早期全国红肉猕猴桃产业发展的种苗、人才和技术重要输出地，且在其种植过程中积累了诸多经验。

　　早在2013年，王明忠、余中树两位老师就曾系统地总结并主编了《红肉猕猴桃产业化栽培技术》一书，但随着科技不断进步，红肉猕猴桃产业发展形势、科研进展和生产技术需求等均发生了重大变化。《图说红肉猕猴桃丰产优质高效栽培技术》一书的编写和出版主要得益于农业农村部农业重大技术协同推广计划试点项目"四川省猕猴桃品质化栽培与节本增效安全生产技术示范推广"、国家重点研发计划项目"猕猴桃轻简优质高效栽培技术集成与示范"和国家柑橘产业技术体系猕猴桃成都综合试验站等的实施和资金支持。全书共分为十二章，具体各章的题目及编写人员为：第一章　概述，祝进、涂美艳、易蓓；第二章　红肉猕猴桃生物学特性及对环境的要求，祝进、陈栋、涂美艳；第三章　红肉猕猴桃主要品种，岁立云、侯春霞、何仕松；第四章　红肉猕猴桃优质壮苗培育技术，张勇、李靖、许红飞；第五章　红肉猕猴桃科学选址建园技术，陈栋、涂美艳、李峤虹；第六章　红肉猕猴桃整形修剪技术，徐子鸿、何仕松、王玲利；第七章　红肉猕猴桃土肥水管理技术，涂美艳、宋海岩、刘春阳；第八章　红肉猕猴桃花果管理技术，涂美艳、银登贵、李欢欢；第九章　红肉猕猴桃主要病虫害绿色防治技术，龚国淑、刘原、王燕平；第十章　红肉猕猴桃适时采收及采后处理技术，徐子鸿、孙淑霞、李艳红；第十一章　红肉猕猴桃设施栽培技术，涂美艳、祝进、唐合均；第十二章　红肉猕猴桃典型案例解析，涂美艳、蒲仕华、刘俊豆；附录　红肉猕猴桃周年管理历（以四川产区为例），涂美艳、朱琳、李欣瑶。在本书资料收集、整理及编撰过程中，得到了四川省自然资源科学研究院王明忠研究员和李明章研究员、中国农业科学院郑州果树研究所方金豹研究员、四川省农业科学院园艺研究所江国良研究员等老师的悉心指导和支持，并对书稿内容提出了诸多宝贵意见和建议，同时四川省广元市苍溪县桥溪乡伍洪昭老师、四川省农业科学院农产品加工研究所李华佳老师等提供了部分宝贵图片，在此向各位老师的辛勤付出表示衷心的感谢！

本书编著过程中，以四川省生产实践经验和编著者10余年研究结果为基础，也借鉴了前人经验，参考了行业相关专家研究成果，力求内容全面、资料翔实、图文并茂、通俗易懂，以期为广大猕猴桃种植者和国内外从事猕猴桃科研、教学的同行们提供有益借鉴和参考，助力我国红肉猕猴桃产业健康持续发展。

但限于时间和水平，书中难免存在瑕疵甚至错误，还望广大同行、读者批评指正并包涵。

编著者
2022年5月

目 录

CONTENTS

第一章 概 述

　　猕猴桃为猕猴桃科（Actinidiaceae）猕猴桃属（*Actinidia*）植物，多年生落叶藤本果树。我国是世界猕猴桃原产地和野生猕猴桃种质资源分布中心。目前已查明本属植物全世界共有54个种、21个变种，共75个分类单元（李新伟，2007）。除白背叶猕猴桃（*Actinidia hypoleuca* Nakai，日本分布）及尼泊尔猕猴桃（*Actinidia strigosa* Hooker f. & Thomas，尼泊尔分布）两个种外，其余种均在我国特有分布或中心分布。目前，世界上经济栽培利用的主要为4个种（变种）：美味猕猴桃（*Actinidia chinensis* var. *deliciosa*，代表性品种为'海沃德'，图1-1）、中华猕猴桃（*Actinidia chinensis*，代表性品种为'红阳'，图1-2）、软枣猕猴桃（*Actinidia arguta*，代表性品种为'魁绿'，图1-3）和毛花猕猴桃（*Actinidia eriantha*，代表性品种为'华特'，图1-4）。本书重点介绍的红肉猕猴桃，又称红肉猕猴桃变型（*Actinidia chinensis* var. *chinensis* f. *rufopulpa* C. F. Liang and R. H. Huang），是中华猕猴桃原变种（*Actinidia chinensis* Planchon）的一个变型，野生资源主要分布于我国的江西、湖南、河南、四川、重庆、浙江、陕西、湖北和广西等地，其植物学性状与中华猕猴桃原变种相类似，其主要特点为果实中轴周围的果肉颜色为鲜红色或淡红色，横切面呈现出放射状红色条纹，风味甜、肉质细、汁多，深受消费者喜爱。

　　猕猴桃作为一种极具营养价值的新兴水果，市场潜力较大。其果实柔软多汁，酸甜适口，味美清香，富含多种矿质元素、维生素、氨基酸和碳水化合物，特别是维生素C含量丰富，有"维生素C之王"的美誉。除鲜食外，还可加工成果汁、果酱、果脯、果酒、酵素、面膜等系列产品。猕猴桃还具有较高的药用价值和医疗保健作用。其果实、根、茎、叶均可入药。唐代名医陈藏器指出，"猕猴桃有调中下气的作用⋯⋯治疗骨节风、瘫痪不遂、白发"。宋代刘翰的《开宝本草》中说："猕猴桃性味甘寒，有解热、止渴、通淋之功，主治烦热、黄疸、石淋、痔疮等病症。反胃者取瓤和姜服之。"把猕猴桃捣烂，加石灰敷治烫伤有良效。现代医学研究证明，猕猴桃及其加工制品对多种癌症有预防作用，对降低高血压、高血脂有一定疗效。

图1-1　美味猕猴桃——'海沃德'　　　图1-2　中华猕猴桃——'红阳'

图1-3　软枣猕猴桃——'魁绿'　　　图1-4　毛花猕猴桃——'华特'

第一节　猕猴桃栽培简史

我国发现和栽培猕猴桃的历史悠久。公元前16世纪至公元前10世纪的《诗经》中就有"隰有苌楚，猗傩其枝"的描述，"苌楚"即为猕猴桃。唐代著名诗人岑参（公元715—770年）在《太白东溪张老舍即事，寄舍弟侄等》已有"中庭井阑上，一架猕猴桃"的诗句，说明1 200多年前猕猴桃已在庭院栽培。明代李时珍在《本草纲目》（1590年）中记载猕猴桃"其形如梨，其色如桃，而猕猴喜食"，猕猴桃由此得名。史料证明，我国很早以前就对猕猴桃作了观察、记载，但一直没有规模化栽培。

与其他传统果树上千年的驯化栽培历史相比，猕猴桃的产业发展史只有短短100余年时间，其中产业起步最早、商业化最成功的是新西兰。1904年，新西兰女教师伊莎贝尔·费蕾瑟（Isabel Fraser）从我国湖北宜昌地区将一小袋猕猴桃种子带到新西兰，苗圃商人亚历山大·艾利森（Alexander Allison）辗转获得这批种子并培育成树苗，开始在家庭花圃种植，1910年陆续结果，后来布鲁诺（Bruno）等人先后从中选育出'布鲁诺'（Bruno）、'海沃德'（Hayward）等经典品种，才开启了世界猕猴桃的真正商业化栽培之路。因此，我国湖北宜昌被誉为世界猕猴桃产业的发源地。

黄宏文等（2013年）经过梳理将世界猕猴桃产业发展分为如下几个重要时期。

一、产业起步阶段

20世纪初至20世纪50年代为产业起步阶段。新西兰完成了猕猴桃嫁接苗的规范生产及商品化（1922—1926年）、猕猴桃商品化果园的建立（1930年）、规模化猕猴桃果品生产（1930—1940年）及猕猴桃品牌的建立（1959年）。在此阶段，新西兰人为开拓国际市场，开始以新西兰国鸟——基维鸟（Kiwi，夜行鸟类，喜食落在地面上的水果和浆果，图1-5）命名猕猴桃，称为"基维果"（Kiwifruit，中国根据音译又称"奇异果"），并以此代替西方人早期对猕猴桃的取名"中国醋栗"（Chinese gooseberry）。

图1-5　新西兰国鸟——基维鸟（图片来源于网络）

二、规模化发展阶段

20世纪50年代至70年代末。随着'海沃德'品种的推广和认可，猕猴桃产业开始向规模化、集约化和全球化发展。在此阶段，'海沃德'一个品种占世界猕猴桃栽培总面积的比例从1968年的50%提高到了1980年的98.5%。该品种在世界各国的争相引种为世界猕猴桃产业的快速发展提供了动力，也为新西兰猕猴桃产业的国际化提供了重要支撑（图1-6）。

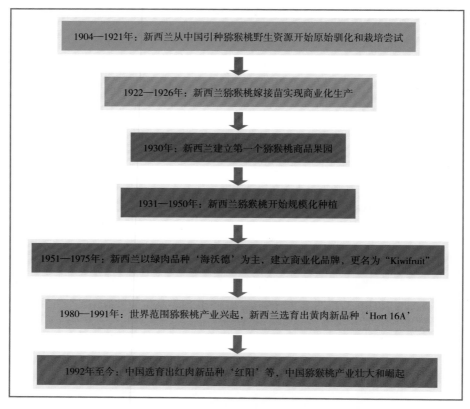

图1-6　世界猕猴桃产业发展简史

三、蓬勃壮大阶段

20世纪80年代以来，中国开始重视猕猴桃种质资源收集、保存、评价及利用工作，从此翻开了世界猕猴桃产业发展的新篇章。1978年8月，农业部召集全国16个省（自治区、直辖市）的科研及管理专家在河南信阳召开了全国猕猴桃科研座谈会，成立了全国猕猴桃科研协作组并启动了我国猕猴桃资源的大范围收集工作，至1995年，以崔致学先生为代表的我国老一辈猕猴桃科技工作者不仅摸清了全国猕猴桃野生资源的分布、种类及蕴藏量，并筛选出了1 450份优良单株，这一历史性成就为我国猕猴桃产业的发展奠定了重要基础（中国猕猴桃产业发展史见图1-7）。1997年，四川成功选育出世界上第1个红肉猕猴桃品种'红阳'，该品种因成熟期早、果肉色泽鲜艳、含糖量高、香气浓郁、口感细腻、品质优良、市场接受度高，成为全球继新西兰绿肉品种'海沃德'和黄肉品种'金果'（Hort 16A）后的第3代猕猴桃新品种，也是我国第1个获得中国植物新品种权保护的猕猴桃品种。'红阳'的诞生和推广，助推了中国猕猴桃产业的飞速发展，也逐步改变了世界猕猴桃产业的格局。如今，除中国和新西兰外，意大利、智利、希腊、法国、伊朗、美国、日本、韩国、西班牙、葡萄牙、土耳其等近30个国家和地区均有猕猴桃商业化栽培。但自2008年以来，随着工商资本大量涌入猕猴桃行业以及'徐香''翠香''金艳''金桃''红实2号''东红'等我国自主选育的新一代绿肉、黄肉和红肉品种的推广应用，我国猕猴桃产业发展更是进入了快车道。从2010年开始，我国人工种植猕猴桃面积和产量均居世界第1位，真正从猕猴桃种质资源大国转变为世界猕猴桃商业化栽培大国。

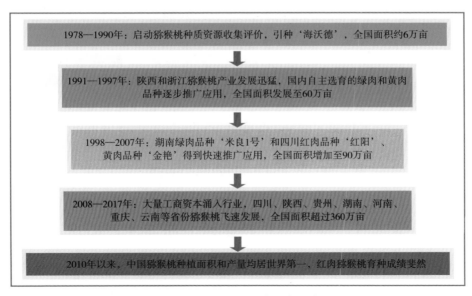

图1-7　中国猕猴桃产业发展史

据中国园艺学会猕猴桃分会统计数据显示，2017年底，我国猕猴桃人工栽培总面积24万hm²，其中结果面积16万hm²，总产量255万t。而以'红阳'为代表的红肉猕猴桃品种占全国总面积的33%左右。猕猴桃已逐步从小水果发展成大产业，并成为中国广大贫困山区脱贫致富的支柱产业。红肉猕猴桃的诞生与发展史见图1-8。

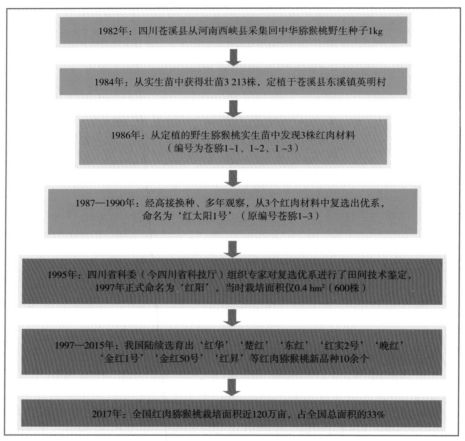

图1-8　红肉猕猴桃的诞生与发展史

第二节　猕猴桃种植区域分布与生产概况

一、世界猕猴桃种植概况及产业特征

全球有30多个国家进行猕猴桃商业化栽培。位于北半球的中国、意大

利、希腊、法国等国猕猴桃产业发展较快，产量高，而南半球仅新西兰、智利等少数国家有猕猴桃商业栽培，其产量不到北半球的一半。新西兰、意大利等发达国家产量已基本趋于稳定，成本逐年攀升，猕猴桃产业正向中国、希腊、智利等国转移。2013年世界猕猴桃产量前10名的国家依次为中国、意大利、新西兰、智利、希腊、法国、日本、伊朗、美国、韩国。世界前5国占全球猕猴桃产量的89.1%。

随着猕猴桃产业在世界范围的兴起和发展，以下产业特征日趋明显。

（一）品种多样化

尽管绿肉品种仍是国际贸易中的主导品种，但是随着黄肉和红肉品种不断推陈出新，以及软枣猕猴桃和毛花猕猴桃商用品种的示范推广，今后上市的品种将会日益丰富。

（二）供应周年化

位于南半球的新西兰、智利等国猕猴桃主要在4—6月成熟上市，而位于北半球的中国、意大利、希腊等国猕猴桃上市期在8—10月，随着各主产国猕猴桃适时采收与贮运技术不断进步，基本形成了周年供应的格局。

（三）产品外贸化

除中国出口不足2%以外，全球产量前5名的猕猴桃主产国年出口量均占总产量的80%，成为当地对外出口的主要农产品。猕猴桃进口量最大的区域在欧洲，其次是亚洲和美洲。

（四）经营链条化

猕猴桃除鲜食外，还可加工制成果汁、果酒、果酱、果脯、果冻、果粉（晶）等相关食品，以及保健品、化妆品和医药品。以猕猴桃为原料的加工业已经显现出了广阔的应用和开发前景。

（五）产业融合化

猕猴桃溃疡病在各产区为害严重，迫切需要通过多学科、多技术领域的深度融合来协同攻关解决。另外，现代生物技术、信息技术和物流技术等将进一步发挥基础和支撑作用，进而带来新的技术变革和产业革命。

二、中国猕猴桃种植区域及生产概况

我国猕猴桃商业化栽培历史虽然较新西兰晚半个世纪，但依托丰富的野生猕猴桃资源优势和强大的市场带动，猕猴桃产业发展成效举世瞩目。目前，我国从南端的海南到北端的吉林，从东边的上海到西边的西藏，均有猕猴桃规模化栽培。钟彩虹等（2018年）将我国猕猴桃种植区分为五大产区。

（一）西北及华北产区

包括陕西、天津、辽宁、吉林等地，其中，陕西是我国第一大猕猴桃种植省份，2018年人工栽培面积6.9万hm²，以绿肉猕猴桃为主，约占80%。辽宁、吉林是我国软枣猕猴桃主要产区，栽培面积共0.27万hm²。

（二）西南产区

包括四川、贵州、云南及重庆等地，是我国猕猴桃产业发展速度最快的区域，也是红肉猕猴桃种植面积最大的产区。2018年人工栽培总面积约9.37万hm²。其中，四川4万hm²（72%为红肉）、贵州3.28万hm²（48%为红肉）、重庆1.31万hm²（70%为红肉）、云南0.78万hm²（85%为红肉）。

（三）华中产区

包括湖北、湖南、河南等地，是我国猕猴桃国家种质资源核心圃所在地，拥有中国科学院武汉植物园（湖北）、中国农业科学院郑州果树研究所（河南）等国家顶级猕猴桃科研单位，栽培品种多样化，2018年人工栽培总面积约3.87万hm²，其中，湖北0.87万hm²、湖南1.67万hm²、河南1.33万hm²。

（四）华东产区

包括江苏、浙江、福建、江西、安徽、山东、上海等地。猕猴桃栽培品种较多，2018年人工栽培总面积约5.92万hm²。其中，江西1.23万hm²、浙江0.83万hm²、山东0.33万hm²、安徽0.33万hm²、江苏0.17万hm²、福建0.15万hm²。

（五）华南产区

包括广东、广西等地。以'红阳'等红肉猕猴桃品种为主，其中，广东0.33万hm²（50%为'红阳'品种），广西0.44万hm²（98%为'红阳'品种）。

以上五大产区2018年猕猴桃种植总面积达406.45万亩*，较2017年统计数据增加43.35万亩，说明我国猕猴桃产业发展速度依然很快。

三、红肉猕猴桃主产区分布及种植概况

红肉猕猴桃在自然界数量少，分布零星，早在20世纪70年代末至80年代初，开展全国性猕猴桃野生资源调查时，曾在河南、湖北、江西、浙江等地发现过这一变种资源。但根据王明忠研究员介绍，只要有中华猕猴桃分布的地区都可能有野生红肉猕猴桃分布，只是因为其外观形态特征与中华猕猴桃原变种完全相似，不剖开果子很难直接辨别，加之近年来人们发现野生红肉猕猴桃后常采取破坏性地采集，造成野生红肉猕猴桃资源越来越稀少，弥足珍贵。作者在对四川盆周山区猕猴桃野生资源调查时曾发现果心红色的美味猕猴桃资源8份，果肉呈红色的显脉猕猴桃资源1份，说明自然界中猕猴桃的红肉资源还有待更进一步的发掘利用。

目前，红肉猕猴桃经济栽培区域主要集中在四川、贵州、重庆、云南、湖南、广西、浙江、河南、江西等地。其中，四川是我国红肉猕猴桃最大种植基地，种植区域以广元苍溪县、昭化区、剑阁县，成都都江堰市、蒲江县、邛崃市、彭州市、雅安雨城区、芦山县、名山区，乐山沐川县、马边县，宜宾兴文县等地为主，全省共有31个县（市、区）有红肉猕猴桃规模化栽培。截至2018年底，四川共拥有红肉猕猴桃知识产权品种8个（含国内选育种单位将知识产权转让给四川猕猴桃种植企业的品种），包括'红阳''红华''红什1号''红实2号''东红''金红1号''金红50号''红昇'等，是全国红肉猕猴桃知识产权品种最多的省份。但'红阳'依然是全省主栽品种，占总面积的60%，'东红'虽然发展较晚，但面积扩展较快，约占总面积的8%，其他红肉品种共占总面积的4%。

贵州红肉猕猴桃的发展始于2000年，当时由水城县农业局和贵州省农

---

* 1亩≈667m²，1hm²=15亩。全书同。

业科学院园艺研究所共同从四川引进'红阳'开展试验示范，经过近20年发展，红肉猕猴桃已成为贵州贫困山区农民增收致富的重要支柱产业之一。据统计，2018年贵州猕猴桃栽培面积中红肉猕猴桃约占50%，主要集中在六盘水市水城县、贵阳市修文县、黔东南州三穗县、遵义市习水县等地，其中，六盘水市是贵州红肉猕猴桃主产区，全市20万亩猕猴桃中90%以上为红肉。

云南于2006年从四川苍溪县引种'红阳'种植，因果实含糖量高，风味好，很快成为全省主栽品种。目前，红河州泸西县、石屏县、屏边县，曲靖市麒麟区、会泽县、宣威市，昭通市昭阳区、绥江县、永善县和大关县，文山州西畴县，楚雄州牟定县、武定县等地均有红肉猕猴桃规模化栽培，以红河州种植面积最大（2018年，全州红阳猕猴桃种植面积9.5万亩，产量3.5万t，产值近7亿元）。

重庆也是2006年从四川引种'红阳'后开启了红肉猕猴桃栽培历史。目前，已形成三大优势产区：一是以黔江为中心的渝东南猕猴桃产业带，包括黔江、秀山、酉阳、武隆、涪陵和彭水等县（区）；二是以万州为中心的渝东北猕猴桃产业带，包括万州、开县、奉节、巫溪和云阳等县（区）；三是以南川为中心的近郊中低海拔猕猴桃产业带，包括南川、万盛、綦江、江津和永川等县（区）。其中，红肉猕猴桃占总面积的70%以上，且以'红阳'品种为主（约占红肉的80%），少量发展了'红华''晚红''东红'等（约占红肉的20%）。

以上4省（市）红肉猕猴桃栽培面积约占全国红肉猕猴桃总面积的73%。除此之外，湖南湘西自治州吉首市、凤凰县、永顺县，广西百色市乐业县、河池市南丹县，浙江绍兴市上虞区、宁波市宁海县，河南南阳市西峡县，广东河源市和平县，江西宜春市奉新县，陕西汉中市城固县，湖北恩施州建始县等地均有红肉猕猴桃规模化栽培。

第三节　红肉猕猴桃种植前景

红肉猕猴桃是从中国特有野生猕猴桃资源中发掘和利用的，因果肉颜色独特、品质佳、效益显著，2006—2018年，发展非常迅速。世界第1个红肉猕猴桃品种'红阳'诞生于四川苍溪县，也是目前栽培面积最大、范围最广、影响力最大的红肉猕猴桃品种。四川是全球最大的红肉猕猴桃生产基地，已形成了龙门山脉和秦巴山区优质红肉猕猴桃产业带，"苍溪红心猕猴桃"品牌享誉国内外，都江堰生产的红肉猕猴桃畅销"一带一路"国家，走俏欧盟市场。

实践证明，红肉猕猴桃的市场潜力依然很大，一是果实品质优异。以'红阳'为主的红肉猕猴桃果实色艳、形美、味甜、香气浓郁、光滑无毛，美丽的果肉颜色不仅给消费者以强烈的视觉刺激，而且对人体具有重要保健功能，深受广大消费者喜爱。二是适生范围更窄。红肉猕猴桃相比黄肉、绿肉猕猴桃，对生态环境的要求更为苛刻，四川地区龙门山脉和秦巴山区海拔500~800m范围是红肉猕猴桃最适生长区，海拔>800m时易暴发溃疡病，海拔<500m时早期落叶病为害重（图1-9），不过也有特例，如在凉山州冕宁县、雅安市石棉县、乐山市马边县等地海拔1 000~1 300m区域生产的红肉猕猴桃品质极为优异，溃疡病为害较轻。三是栽培难度更大。红肉猕猴桃植株长势较绿肉和黄肉稍弱，单产更低，抗溃疡病等能力更弱，对栽培技术要求更高，种植过程中生产投入更大，但市场对红肉猕猴桃的需求旺盛，市场售价是传统黄肉和绿肉品种的1.5倍以上。

第四节　红肉猕猴桃种植中存在的主要问题及对策

一、存在的主要问题

当前红肉猕猴桃生产上的主要问题：一是规划布局不够科学。部分生态不适宜地区盲目发展，长势弱、单产低、品质差、溃疡病高发等问题普遍存在。二是栽培品种仍然单一。'红阳'仍为主栽品种，单一品种规模化发展较快，在抗性育种、良种扩繁等方面投入不足。三是标准化水平仍然不足。小户分散经营仍是当前我国猕猴桃生产的主要形式，在改土建园、整形修剪、花果管理、农药化肥施用、成熟采收等关键环节标准化程度不够（图1-10至图1-12），部分产区果实早采问题较为突出，果品一致性、商品性和品质不稳定。四是病虫害防控形势严峻。红肉猕猴桃品种抗性较差，以溃疡病等为主的病害制约了产业提升发展。

图1-9　低海拔高温区种植的红肉猕猴桃长势差　　　图1-10　平坝区排水不畅造成毁园

图1-11　树形培养时主干螺旋上架　　　图1-12　施肥时大量使用未腐熟有机肥

二、对策及建议

为促进产业提质增效和健康持续发展，建议：一是科学规划产业布局。在对全国红肉猕猴桃生态适宜性评价基础上，研制中国红肉猕猴桃生态区划，科学引导红肉猕猴桃向最适生态区发展，不适合的区域逐步改种黄肉和绿肉品种，或其他作物。二是强化新品种新技术创新。加大猕猴桃品种创新力度，选育一批抗性强、单产高、品质好的红肉猕猴桃新品种，并围绕优新品种，开展配套技术集成创新。三是推广标准化生产模式。推广"大园区、小业主""龙头企业+专合社+家庭农场+农户"等产业发展模式和"猕-豆""猕-菜""猕-菌"等立体种植模式，创新利益联结机制，发展专业化社会服务队伍，带动种植户实行标准化生产。四是突破产业发展制约瓶颈。集聚全国农科教之力，借鉴国内外经验，建立以猕猴桃溃疡病为核心的病虫害综合防控技术体系，破解产业发展瓶颈。

三、四川猕猴桃生产区划

（一）秦巴南麓红肉猕猴桃原产地保护发展区

以苍溪县为核心，辐射带动广元市昭化区、旺苍县、剑阁县，巴中市通江县、恩阳区等地在海拔550～800m区域以庭院经济方式为主适度规模发展优质红肉猕猴桃。品种可选择'红阳''东红''红实2号''金红1号''金红50号''红昇'等。在该区域应大力推广简易避雨设施栽培技术、行间生草与树盘覆盖技术、精准高效授粉技术、生态高效种植技术、无病苗木（接穗）培育技术、营养袋嫁接苗快速培育技术等。重点打造"1万亩生态果（不使用氯吡脲）+5万亩避雨棚（以简易避雨设施为主）"，成为世界红肉猕猴桃之都的核心支撑。

（二）龙门山多彩猕猴桃农旅融合发展区

以都江堰市为核心，辐射带动成都市蒲江县、邛崃市，德阳市绵竹市、什邡市，绵阳市安州区，阿坝州汶川县，雅安市雨城区、名山区等地在海拔600～1 200m区域因地制宜发展中华、美味、毛花、软枣等红、黄、绿三色猕猴桃。在该区域应大力推广暗沟排灌管网宜机化建园技术、标准化钢架大棚设施栽培技术、景观型防风林构建技术、抗涝砧木应用技术、牵引栽培技术等。重点打造"1万亩机械化生产园+5万亩标准化管理园"，成为一三产业互动和高产高效样板。

（三）乌蒙山绿肉猕猴桃全产业链发展区

以古蔺县为核心，辐射带动泸州市叙永县，宜宾市兴文县，乐山市沐川县等地在海拔800～1 200m区域规模化发展抗病优质或高产加工型绿肉猕猴桃品种。品种可选择'翠玉''翠香''徐香''瑞玉''中猕2号''贵长''米良1号'等。在该区域应大力推广山地标准化改土建园技术、营养袋嫁接苗快速培育技术、早结丰产树形培养技术、病虫害绿色防控技术、果酒精深加工技术等。重点打造"10万t优质绿肉果品+1万t果酒"，成为四川猕猴桃产业绿色崛起的典范。

（四）大小凉山优质特色猕猴桃发展区

以冕宁县为核心，辐射带动凉山州喜德县、西昌市，乐山市马边县、峨边县等地在海拔1 200～1 700m背风向阳区域重点发展优质黄肉猕猴桃（'金艳''金果''金实1号''金实4号'等）和软枣猕猴桃（'龙城2号''K2''K6''宝贝星'等），在海拔700～1 200m区域少量搭配发展红肉猕猴桃（'红实2号''东红'等）。在该区域应大力推广土壤改良培肥技术、营养袋嫁接苗快速培育技术、抗旱节水栽培技术、稳固型防风墙（林）搭建技术、液体授粉技术等。重点打造"2万亩黄肉精品园"，成为支撑贫困地区脱贫和乡村振兴的样板。

第二章　红肉猕猴桃生物学特性及对环境的要求

与绿肉和黄肉猕猴桃品种相比，红肉品种普遍长势稍弱，且抗溃疡病和褐斑病能力较差。因此，在栽培过程中，对环境的要求更为苛刻。只有充分认识红肉猕猴桃的根系、枝蔓、叶片和果实生长发育特征，以及开花结果特性，才能在生产过程中为其选择或营造最适种植环境，并按照各器官变化，采取适应的栽培管理措施，以达到高产优质目的。

第一节　红肉猕猴桃生长发育特性

一、根系生长发育特性

猕猴桃的根为肉质根，外皮层较厚，老根表层常龟裂状剥落。主根不发达，侧根和须根多而密集，呈须根状根系；侧根随植株生长向四周扩展，生长呈扭曲状。根初生时为白色，含有大量淀粉和水分，近似肉质，皮层暗红色，特别厚，根皮率在30%~50%，含水量80%以上。猕猴桃根的特性决定其对水分特别敏感，既喜水又怕水，是最不耐涝的果树树种之一。而红肉猕猴桃根系耐涝耐旱能力更弱，因此生产上常采用砧木嫁接方式提高其土壤适应性。刘凤礼（2015）研究发现，用对萼猕猴桃优良株系的扦插苗作砧木嫁接'红阳'可耐20d淹水，并保持正常生长，而用美味猕猴桃实生苗作砧木嫁接的'红阳'淹水12d后根系全部发黑糜烂，根尖表皮脱落，淹水20d时根系全部死亡。

通常而言，猕猴桃根系在土壤中的垂直分布较浅，而水平分布范围广。1年生苗的根系分布在20~30cm深的土层中，水平分布25~40cm；2年生苗的根系入土深40～50cm，水平分布60～100cm；3年生树根系明显加粗，以水平方向发展为主；成年树根系总量的50%在土壤表层50cm以内，90%在100cm以内，但以地表下40cm左右分布密度最大（图2-1）。作者多年调查发现，猕猴桃根系分布深浅与土壤疏松程度、水分含量、肥力状况等密切相关，野生猕猴桃在深厚、疏松的土壤中，根的深度可达600cm以上，而在四川多数红肉猕猴桃栽培园中，成龄树70%的根系分布深度不超过30cm，100cm以下土层中很少有根系分布，另受栽植密度限制，根系无法伸展得很广，水平方向的生长空间常不会超过200cm。

根系在土壤温度8℃时开始活动，20.5℃时根系进入生长高峰期，若温度继续升高，生长速率开始下降，30℃时新根生长基本停止。在温暖地区（如四川攀枝花），只要温度适宜，根系可常年生长而无明显的休眠期。根系的生长常与新梢生长交替进行，红肉猕猴桃在四川主产区第1个生长高峰期出现在新梢迅速生长后的5—6月，第2个高峰期在果实发育后期的8—9月。在遭受高温干旱影响时根系生长缓慢或停止活动。

图2-1　四川产区红肉猕猴桃根系及其在土壤中分布情况

二、枝蔓生长发育特性

红肉猕猴桃的枝蔓生长属性与其他类型的猕猴桃差别不大，在枝蔓生长前期，直立性强，先端并不攀缘，但在生长后期，其顶端具有逆时针旋转的缠绕性，能自动缠绕在他物或自身上。红肉猕猴桃一年生枝青绿色或黄绿色，少有褐色，幼嫩时薄被灰色茸毛；二年生枝深褐色，无毛。枝蔓上皮孔明显，较稀，凸起，长梭形或椭圆形，黄褐色。枝蔓中心有片层状髓，髓部大，圆形；木质部组织疏松，导管大而多。

猕猴桃的枝蔓可分为营养枝和结果枝两种类型（图2-2）。

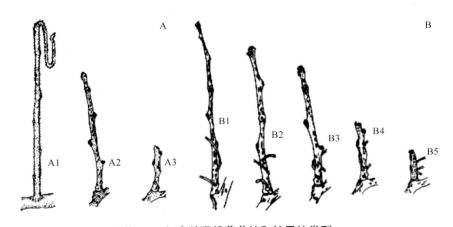

图2-2 红肉猕猴桃营养枝和结果枝类型

注：A为营养枝，其中A1为徒长枝（水苔枝），A2为发育枝（营养枝），A3为短枝（衰弱枝）；B为结果枝，其中B1为徒长性结果枝（≥100cm），B2为长果枝（50～100cm），B3为中果枝（30～50cm），B4为短果枝（10～30cm），B5为短缩果枝（≤10cm）。

（一）营养枝

营养枝指那些仅进行枝、叶器官的营养生长而不能开花结果的枝蔓。根据其生长势强弱，又可分为徒长枝（水苔枝）、发育枝（营养枝）和短枝（衰弱枝）。徒长枝多从主干、主蔓或多年生枝基部隐芽发出，生长极旺，直立向上，节间长，芽不饱满，很难形成花芽，生长势旺的红肉品种（如'金红50号'）其长度可达300cm以上、基部粗度可达2.5cm以上，这类枝消耗树体营养大，常在夏季或冬季被疏除，但生长位置较合适的徒长枝也可在其40cm长时进行重短截，促发二次枝使其成为第2年结果母蔓，树势衰退的植株也可利用其进行树体更新；发育枝主要从未结果的幼龄树或强壮的多年生枝上的中下部萌发，长势良好，长度可达150cm以上，组织充实，是第2年最理想的结果母枝；短枝多从树冠内部或下部枝上发出，生长衰弱，长10~20cm，易自行枯死。

（二）结果枝

结果枝指雌株上能开花结果的枝条。根据枝条的生长发育程度，结果枝可分为徒长性结果枝（≥100cm）、长果枝（50~100cm）、中果枝（30~50cm）、短果枝（10~30cm）和短缩果枝（≤10cm）。

红肉猕猴桃的芽萌动时间比美味猕猴桃早，通常情况下，当日平均温度达8℃时（美味猕猴桃需要10℃），芽开始萌动，经过20d左右的芽裂，开始抽生春梢，春梢抽发的前20d生长量较大，长势旺盛品种每天生长量可达20cm以上。春梢抽发后20~60d生长速度迅速下降，但叶面积增大，光合作用增强。在四川盆地，每年5月上旬至8月上旬（大约100d）是红肉猕猴桃枝蔓生长的高峰期，8月中旬至9月下旬（大约50d）枝蔓生长缓慢，甚至基本停止生长。红肉猕猴桃在四川一年可以抽发春梢、夏梢及秋梢3次梢。春梢和早夏梢是第2年最好的结果母枝，晚夏梢及秋梢对树体营养消耗较大，尤其是早期落叶后大量抽发的秋梢对第2年开花坐果影响极大。因此，在生产上要促发春梢和早夏梢、疏除晚夏梢、控发秋梢。

三、叶片生长发育特性

红肉猕猴桃叶片均为纸质，以近圆形为主，功能叶长11~20cm，宽12~22cm，叶形指数（叶长：叶宽）0.82左右，叶基部心形或相交，两侧对称，先端圆形，小钝尖形或微凹陷（图2-3）。叶面暗绿色，有光泽，无毛。叶缘基部无锯齿，中上部锯齿也甚小，呈尖状，褐色。叶脉为有明显主脉的羽状网脉，叶为背腹型，叶脉突出于叶背，密被白色极短柔毛。叶背灰绿色，密被灰白色星状毛。叶正面略凹凸不平，叶片幼小时有毛，成叶时毛不明显。叶腋花青素着色强。叶柄淡紫色或青绿色，有茸毛，长6~11cm，粗约3mm，叶柄比率（叶柄长：叶片长）0.6cm左右。

图2-3　红肉猕猴桃叶片形态特征（正面和反面）

叶片的生长发育与品种、树体营养密切相关。通常情况下，叶片数量在芽裂后60d内快速增加，叶面积扩展最快的时期是展叶后20d内，此期叶面积可达总面积的90%，以后生长减缓，最终大小定格在展叶后60d左右。作者曾对成龄'红阳'猕猴桃园枝蔓基部往上数第6～7片功能叶进行测试结果显示，发育枝（营养枝）的叶面积为104.1～141.5cm²、百叶重为387.4～556.82g、叶绿素总量为2.07～3.11mg/g，结果枝的叶面积为84.4～121.9cm²、百叶重为328.6～480.1g、叶绿素总量为2.68～3.49mg/g。红肉猕猴桃叶片正常落叶期为11月下旬至12月上旬，但在四川盆地，'红阳'等红肉品种抗叶斑病、褐斑病能力弱，常在采收后1个月左右（9月中下旬）就出现叶片早衰脱落，造成秋梢大量抽发。

四、果实生长发育特性

红肉猕猴桃果实为正卵形或长圆柱形或椭圆形，果顶凹（如'红阳'）或平坦（如'红华'）或反凸（如'金红50号'），果皮绿色或黄褐色或黄绿色，果皮较薄，果点多数明显，果面被短茸毛、熟后光滑。果肉黄色或黄绿色，中轴白色，种子周围的子房室鲜红色，呈放射状。果梗绿色或褐色，稀被浅黄色茸毛，长3.3～5.2cm，粗3.3mm左右。萼片少有宿存。果实单果重60～120g居多，纵径5.56～6.88cm，横径4.79～6.02cm，侧径4.64～5.32cm，果形指数1.05～1.27，部分品种易空心。种子较多（800～900粒），较大（长约2mm，宽约1.2mm，厚约1mm，千粒重1.25～1.31g），棕色，扁圆形，有凹陷龟纹。

红肉猕猴桃从终花期到果实生理成熟，需要130～145d，在此期间，果实经过迅速生长期、缓慢生长期和果实成熟期3个阶段。第1阶段从5月上旬至6月下旬，此期间果实的体积和鲜重增长很快，先是由果心和内、外果皮细胞的分裂引起的，然后是因细胞体积的增大所致。这个时期生长量达总生长量的70%～80%，内含物主要是碳水化合物和有机酸，其增加程度同果实迅速生长的速度相同。第2阶段从6月下旬至7月中旬，种子加速生长发育，果皮由淡黄色转为浅褐色。在7—8月，淀粉及柠檬酸迅速积累，糖含量则处于较低水平。第3阶段从7月下旬至8月下旬，果实的体积增长停滞，果皮转为褐色，种子赤褐色。内含物的变化主要是果汁增多，糖分增加，风味增浓，出现品种固有的特性。

作者曾对四川都江堰市平坝区、丘陵区和高山区种植的'红阳'猕猴桃进行了定点观测，发现不同立地条件'红阳'猕猴桃果实纵、横径生长发育规律基本一致，纵径生长呈单"S"曲线（图2-4），横径生长呈双"S"曲线（图2-5）。果实纵径的生长经历3个阶段：第Ⅰ阶段（花后10～45d）为快速生长期，果实的纵径达到成熟果实的89%以上；第Ⅱ阶段（花后45～84d）为缓慢生长期，果实纵径的增长明显变慢；第Ⅲ阶段（花后84～148d）为停滞增长期，果实的纵径停止生长或微有增加。曲线拟合方程为$y=-0.003\,2x^2+0.712x+13.654$，$R^2=0.960\,2$。果实的横径生长经历4个阶段：第Ⅰ阶段（花后10～63d）为快速增长期，果实的横径达到成熟果实的88%以上；第Ⅱ阶段（花后63～84d）为缓慢增长期；第Ⅲ阶段（花后84～105d）为较快增长期，此期果实的横径生长速率比第Ⅰ阶段慢，但明显快于第Ⅱ阶段；第Ⅳ阶段（花后105～148d）为停止增长期，果实的横径基本停止生长。曲线拟合方程为$y=-0.002\,6x^2+0.604x+14.637$，$R^2=0.972\,7$。

但随海拔高度增加，'红阳'猕猴桃果实纵径稍有增大，果实横径则有所变小，这可能与高海拔区前期温度回升慢，从而更有利于果实纵径生长有关。

不同立地条件'红阳'猕猴桃果形指数、单果重变化规律也基本一致（图2-6）。果形指数呈现先增后减然后趋于平缓的变化趋势，但随海拔高度增加，果形指数稍有增加，且果实成熟时，不同立地条件红阳猕猴桃果形指数均大于1；单果重的动态变化则呈双"S"形，即花后10～63d果实的鲜重快速增长，达到成熟时的78%以上；花后63～77d，果实的鲜重增长缓慢或基本停滞增长；花后77d开始，果实的鲜重又开始第2次快速增长，直至花后127d才基本停止。果实成熟时，高山区单果重稍高于丘陵区和平坝区，可能与周年温度低，果实密度大有关。

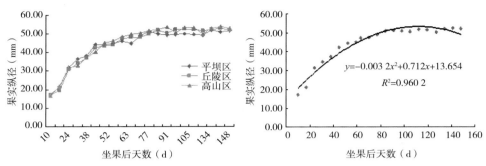

图2-4　不同立地条件'红阳'猕猴桃果实纵径生长发育规律

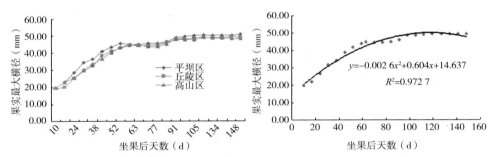

图2-5　不同立地条件'红阳'猕猴桃果实横径生长发育规律

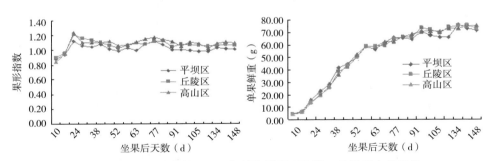

图2-6　不同立地条件'红阳'猕猴桃果形指数、单果重变化规律

　　作者曾观测了6个猕猴桃品种在果实发育期果肉颜色变化规律（图2-7），从观测结果看，各品种表现出一定差异。

　　'红阳'：花蕾期至盛花后15d中果皮*由红色变为淡红色、内果皮*保

----

　　*　根据猕猴桃果实构造，中果皮和内果皮是猕猴桃果实的主要食用部分，就是意义上的"果肉"。

持淡绿白色；盛花后15～55d，中果皮和内果皮均保持绿色；盛花后55d至成熟期，中果皮由绿色变为淡黄色、内果皮由淡红色变为红色。

'红实2号'：花蕾期至盛花后10d中果皮由红色变为淡红色、内果皮保持淡绿白色；盛花后10～60d，中果皮和内果皮均保持绿色；盛花后60d至成熟期，中果皮由绿色变为淡黄色、内果皮由淡红色变为深红色。

'海沃德'：花蕾期至盛花后7d中果皮和内果皮均为淡绿白色；盛花后7d至成熟期，中果皮和内果皮保持绿色。

'翠玉'：花蕾期至盛花后5d中果皮由红色变为淡红色、内果皮保持淡绿白色；盛花后5d至成熟期，中果皮和内果皮由绿色变为淡绿色（或黄绿色）。

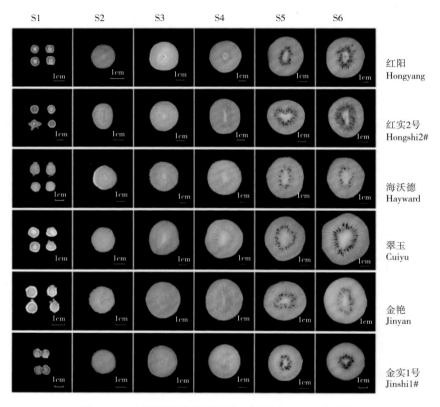

图2-7　6个猕猴桃品种果实发育期果肉颜色变化规律

注：S1、S2、S3、S4、S5分别代表盛花后5d、20d、35d、65d、95d；S6为各品种采摘前期（其中，'红阳'120d、'红实2号'135d、'海沃德'165d、'翠玉'150d、'金艳'155d、'金实1号'170d）。

'金艳'：花蕾期至盛花后7d中果皮和内果皮均为淡绿白色，盛花后7~95d，中果皮和内果皮由淡绿色变为淡黄色，盛花后95d至成熟期，中果皮和内果皮由淡黄色变为黄色。

'金实1号'：花蕾期至盛花后3d中果皮由红色变为淡红色、内果皮保持淡绿白色；盛花后3~75d，中果皮和内果皮均保持绿色；盛花后75d至成熟期，中果皮和内果皮由淡黄色变为深黄色。

从观测结果来看，'红阳'和'红实2号'两个红肉品种果肉颜色变化基本一致，'海沃德'和'金艳'两个品种果肉颜色变化与传统认识也是一致的。但绿肉品种'翠玉'和黄肉品种'金实1号'首次发现在花蕾期至盛花后3~5d也存在中果皮着红色的现象，这与红肉品种早期子房或幼果着色情况一样，但该现象花后持续时间较红肉品种短，且褪色后不会再在果肉任何部位启动着红色。

第二节 红肉猕猴桃开花结果特性

猕猴桃为雌雄异株植物，即分为雌花和雄花（图2-8）。从外观形态上看，雌花、雄花都是两性花，但由于雌花的雄蕊退化，雄花的子房与柱头萎缩，因而分别形成单性花。红肉猕猴桃的花以单生花和二歧聚伞花序同时并存，侧花以2朵居多。花瓣数5~7，多数为6，花白色，开花后1d花瓣变为金黄色。花药黄色。子房圆球形或卵圆形，被褐色茸毛，子房内红色花色苷明显。花有香味，但无花蜜。

图2-8 '红肉'猕猴桃的雌花（A和C）与雄花（B）

一、花芽分化特性

红肉猕猴桃花芽的生理分化在越冬前就已经完成，在四川盆地7月中旬至8月上中旬是红肉猕猴桃花芽生理分化的关键时期，而形态分化一般在春季，与越冬芽的萌动相伴随。与许多果树不同的是，猕猴桃花芽形态分化的时期很短，自萌动至展叶前结束，仅20d左右。芽裂后60d左右，花开放。在四川盆地红肉猕猴桃花期一般为4月上中旬。

猕猴桃花芽为混合芽，无论是雄花还是雌花，其形态分化大致可分为10个时期（图2-9），即未分化期，腋花序原基分化期，花蕾原基分化始期，

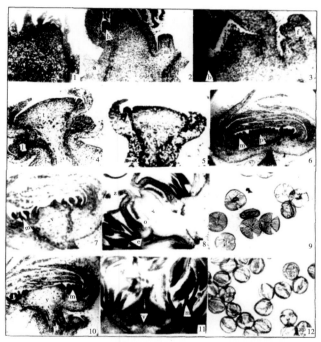

图2-9 猕猴桃花器官的分化过程（许晖，1989）

注：1. 未分化期；2. 腋花序原基分化期；3. 花蕾原基分化始期；4. 顶、侧花蕾原基分化期；5. 花瓣原基分化期；6. 雄蕊、雌蕊群原基分化期；7. 雌花子房、雄蕊分化期；8. 雌花子房室、胚珠开始形成期；9. 雌花花粉粒外部形状；10. 雄花的子房、雄蕊分化期；11. 雄花的雄蕊迅速发育及成熟期；12. 雄花花粉粒的外部形状。a. 腋叶芽原基；b. 腋花序原基分化始期；ai. 腋花序原基苞片分化始期；f. 花蕾原基；s. 萼片原基；l. 侧花蕾原基；t. 顶花蕾原基；p. 雌蕊群原基；m. 雄蕊原基；e. 花瓣原基；i. 苞片原基；o. 胚珠；v. 子房；z. 花柱。

顶、侧花蕾原基分化期，花瓣原基分化期，雄蕊、雌蕊群原基分化期，雌花子房、雄蕊分化期，雌花子房室、胚珠开始形成期，雄花的子房、雄蕊分化期，雄花的雄蕊迅速发育及成熟期。从分化的时间上看，在相同的环境条件下，雄株的花芽一般比雌株早分化5~7d。

二、雌、雄分化特性

雌、雄花的形态分化，在前期极为相似，直到雌蕊群出现，两者的形态发育才逐渐出现明显的差异。雌蕊群出现以后，雌花中的雌蕊发育极为迅速，柱头和花柱的下面形成1个膨大的子房，雄蕊的发育较缓慢。雄花中也分化出雌蕊群，但发育缓慢，结构也不完全，而雄蕊群却极为发达，发育很快，雄蕊上的花药几乎完全覆盖了退化的雌蕊群。

三、开花坐果特性

红肉猕猴桃的花着生在结果枝的1~7个节位的叶腋。雌花花冠直径3~4.5cm，花瓣阔卵形，基部有淡粉红色晕的短爪。萼片6~7片，椭圆形或卵圆形，被黄色短茸毛。花梗长3.5cm左右。雌花从现蕾到花瓣开裂需要35~40d，雄花则需要30~35d。雌株花期多为5~7d，雄株则达7~10d，长的可到12d。雌花开放后3~5d落瓣，雄花为2~4d。

花的开放时间集中在早晨，在四川盆地红肉品种一天中的开花时间集中在8时以前，开花时的空气温度要达到13℃以上、湿度要达到75%以上，花期日均温度要达到20℃左右。若遇低温，花会停止开放，若花期同时遭遇低温和阴雨天气，将极大地影响坐果。

猕猴桃雄花的花粉可通过昆虫、风等自然媒体传到雌花的柱头上，也可人工采集花粉然后进行授粉。雌花的受精能力以开放后的当天至第2天最强（图2-10左），通常授粉后2~3d花瓣会快速转黄并脱落、子房开始膨大（图2-10右），雌花开放3d后再授粉其结实率显著下降，5d后就基本不能受精了。雄花花粉的生活力与花龄有关，花前1~2d和花后4~5d，花粉都具有萌发力，但以花瓣微开时的萌发力最高，产生的花粉管也长，有利于深入柱头完成受精。

图2-10　红肉猕猴桃雌花授粉前（左）和授粉后（右）对比

第三节　红肉猕猴桃对环境条件的特殊要求

栽培红肉猕猴桃要求的生态条件是气候温和、雨量充沛、土壤肥沃、植被繁茂。红肉猕猴桃对海拔、温度、光照、水分、土壤等生态环境的要求分述如下。

一、海拔高度

一般认为，海拔3 000m为猕猴桃生存上限，海拔1 800m为经济栽培上限，四川猕猴桃栽培区域主要集中分布在海拔500～1 500m。红肉猕猴桃因对低温和高温均敏感，在四川盆周山区推荐在海拔500～800m区域种植，海拔越高，溃疡病为害越重（图2-11），但在凉山州干热河谷区及大渡河部分流域红肉猕猴桃适宜栽植的海拔高度可放宽至1 700m左右，大渡河流域红肉猕猴桃生长情况见图2-12。

图2-11　四川阿坝州汶川县（海拔1 260m）种植的红肉猕猴桃受溃疡病为害已毁园

图2-12　四川雅安市石棉县（海拔1 310m）种植的红肉猕猴桃品质优异

二、温度

一般来说，猕猴桃开花的数量与冬季有效低温时数有关。据新西兰研究结果显示，黄肉品种'Hort 16A'在冬季有效低温（0～7.2℃）时数<450h时，容易出现成花不足的现象。赵婷婷（2018）的研究结果表明，冬季有效低温（1.5～12.4℃）>700CU（低温单位Chilling Unit，简称CU）以上的区域种植中华猕猴桃就可开花结果，但'东红'等二倍体品种适于推广范围更靠南或靠低海拔区域，而'H-15'等多倍体品种推广范围适于靠北或中高海拔区域。

四川20余年栽培经验显示，红肉猕猴桃在年平均气温14～20℃，极端低温>-4℃，无霜期270～300d的区域生长发育最佳。当日均温达6℃以上时树液开始流动，8.5℃时开始萌芽，10℃以上开始展叶，13℃时开始开花。新梢生长和果实发育的最佳温度为20～25℃，15℃左右时生长缓慢，当温度下降至12℃左右时开始落叶并进入冬季休眠。红肉猕猴桃不耐低温，当春季温度≤1℃时，春季抽生的枝条就会遭受冻害，刚萌发的芽大部分会冻死（图2-13）。如果冬、春季节遭受冻雨或其他偶发性冻害（图2-14），当年易暴发溃疡病。当温度为-1.5℃持续30min，就会使花芽、花和嫩枝都受到严重冻害，造成绝收。红肉猕猴桃也不耐高温，夏季气温达30℃时，其枝、叶、果的生长量会显著下降，气温≥33℃时，会造成果实阳面日灼，部分叶片失水枯萎，提早掉落。

图2-13　早春低温霜冻造成红肉猕猴桃严重损伤（2018年2月，云南省）

图2-14　冬季猕猴桃园水管爆裂后枝蔓结冰状（2016年1月，四川省雅安市名山区）

三、光照

红肉猕猴桃喜光耐阴，对强光比较敏感，喜漫射光，忌强光直射，日照时数>1 200h的区域红肉猕猴桃品质更好，自然光照强度以40%～45%为宜。红肉猕猴桃不同树龄期对光照的要求不同，如幼苗期喜阴凉，需要适当遮阴；成年树需要良好的光照条件才能保证生长和结果的需要，如光照不足就会造成枝条生长不充实、果实发育不良等。同时红肉猕猴桃害怕烈日强光暴晒，常导致果实日灼严重、叶缘焦枯等，严重时甚至导致整株死亡（图2-15）。

图2-15　夏季高温造成红肉猕猴桃（金红1号）果实和叶片灼伤

四、水分

红肉猕猴桃喜潮湿，怕干旱，不耐涝，对土壤水分和空气湿度要求严格。水分不足或过多，都会对猕猴桃的生长发育产生不良影响。年降水量在800～1 600mm、空气湿度在75%以上的地区均能满足猕猴桃生长发育对水分的需求。在多雨季节，土壤表面与地下水位之间至少有1m的距离，否则，植株根部会因为缺氧和水涝造成沤根、烂根。四川有部分红肉猕猴桃种植园选址于低洼地带，常在夏、秋季被水淹，如今多数已毁园（图2-16），还有少数园区选址于干旱坡地，雨水供应不均，易造成裂果（图2-17）。

图2-16　秋季涝害造成红肉猕猴桃园被淹　　图2-17　水分供应不均造成红肉裂果

五、风

红肉猕猴桃内膛嫩梢长而脆，叶大而薄，易遭风害。春季大风常使猕猴桃枝条干枯、折断，严重影响产量，但花期微风有利于风媒传粉；夏季干热风会使叶缘焦枯、叶片凋萎，严重影响树体的生长发育。红肉猕猴桃果皮薄、嫩，套袋前刮风易造成果实与叶片、枝蔓等摩擦，形成"花皮果"（图2-18）。

图2-18　风害造成红肉猕猴桃果实受损状

六、土壤

红肉猕猴桃对土壤要求较高，以土层深厚、保水排水良好、肥沃疏松、有机质含量高的微酸性壤土或沙壤土最好。忌涝洼地和黏重土壤。作者2016年通过对四川苍溪县红肉猕猴桃有机生态种植的高产园区0～20cm土层进行检测结果显示，土壤pH值5.5～6.5、有机质含量4%～5%、碱解氮含量150～200mg/kg、有效磷含量80～120mg/kg、速效钾300～350mg/kg、速效铁120～150mg/kg、尿酶活性2～2.5mg/（g·d）、转化酶活性400～450mg/（g·d）。而当前能达到以上标准的猕猴桃园土壤太少，所以要想获得持续高产优质，必须在土壤改良上下工夫（图2-19）。

图2-19　苍溪红肉猕猴桃生态种植园建园改土及果实生长情况

红肉猕猴桃主要品种

'红阳'是全世界第1个红肉猕猴桃品种，它的出现不仅丰富了猕猴桃品种果肉颜色，更推动了我国猕猴桃产业的快速发展。近年来，以'红阳'为基础育种材料，通过杂交选育、实生选种、芽变选种等方法，又培育出了众多红肉猕猴桃新品种。这些新品种的选育与推广，很好地延长了红肉猕猴桃鲜果采摘与应市期，也为我国红肉猕猴桃产业健康持续发展提供了品种保障。

第一节　当前国内主栽品种

一、红阳

'红阳'猕猴桃是由四川省自然资源科学研究院和苍溪县农业局从河南西峡县野生中华猕猴桃资源实生后代中选出，原代号'苍猕1-3'，于1997年通过四川省农作物品种审定委员会审定（川审果树1997 003），于2005年在中国获得品种权（CNA 20030407.0）。'红阳'是我国栽培面积最大的红肉猕猴桃品种，也是当前世界上红肉猕猴桃育种的骨干亲本材料。目前在全国猕猴桃主产区广泛栽培。

该品种树势中庸，对肥水条件要求较高。一年中以春梢为主，占80%以上，枝条萌芽率高，成枝力较弱，单枝生长量较小。夏秋季易感染褐斑病，造成早期落叶。枝蔓成花容易，春梢和早夏梢是其最优良的结果母蔓。植株坐果率高，花着生在结果枝的第1～6节，以中、短果枝结果为主。早果性和丰产性好，栽后第2年50%植株结果，第4年可达盛产，平均株产18kg

以上。果实长圆柱形或倒卵形，自然生长情况下平均单果重54.6g，合理使用氯吡脲后平均单果重90g以上（在四川苍溪县部分园区不使用氯吡脲平均单果重也可达80g以上），果顶和果基凹陷，果皮绿色或绿褐色，果面茸毛柔软，易脱落，皮薄。果肉黄绿色或黄色，果心白色，种子周围果肉鲜红色，沿果心呈现放射状红色条纹（图3-1）。后熟果实可溶性固形物含量17%～23%、干物质含量18%～25%、总糖9%～14%、总酸0.45%～0.8%、维生素C含量80～150mg/100g。果肉色泽鲜艳、含糖量高、香气浓郁、口感细腻、品质优良。在四川盆地4月上中旬开花，花期4～5d，果实8月下旬至9月上旬采收，属优质早熟红肉品种。采后常温条件下可贮藏10～15d，在1℃低温条件下可贮藏3～4个月。

　　该品种对低温、高温均敏感，对溃疡病、褐斑病抗性差，有条件的园区建议采取避雨设施栽培方式进行种植。

图3-1　红阳

二、东红

'东红'猕猴桃原代号'H-2'，由中国科学院武汉植物园以'红阳'作为母本，通过开放式授粉获取种子，并实生选优而获得。'东红'于2007—2011年进行区试，2011年向农业部品种保护办申请品种保护，于2012年通过国家林木品种审定委员会审定（S-SV-AC-031-2012），2016年获得新品种权（CNA 20110624.9）。目前在四川、贵州、江西、河南、重庆等地均有栽培。

该品种树势中等偏旺、枝条粗壮，一年生枝条茶褐色，老枝条黑褐或红褐色。枝条萌芽率为71.8%，成枝率100%，果枝率88%，坐果率达95%以上。花有单花、二花和三花，幼树以单花为主，成年树以三花和单花为主。花着生于结果枝第1~9节，平均每果枝花序5~9个。嫁接后第2年可结果，第4年进入盛果期，平均株产可达20~25kg。果实长圆柱形，果顶圆，果蒂平，自然生长情况下平均单果重65~75g，合理使用氯吡脲后平均单果重95g以上。果面绿褐色，光滑无毛，整齐美观，果皮厚。果肉金黄色，果心白色，子房鲜红色，色带比'红阳'窄（图3-2）。肉质细嫩，汁多味甜，香气浓郁。后熟果实可溶性固形物含量15%~21%、干物质含量18%~22%、可溶性糖10%~13%、总酸0.7%~1.5%、维生素C含量110~153mg/100g。在四川盆地4月上中旬开花，花期4~5d，果实于9月上中旬采收，成熟期较'红阳'晚7~10d，耐贮性好于'红阳'，采后常温条件下可贮藏20~30d，在1℃低温条件下可贮藏4~5个月。

图3-2 东红

'东红'适宜在四川、重庆、湖北及类似区域海拔范围350~1 000m栽培，具有抗软腐病、黑斑病和高温干旱的特点，对猕猴桃溃疡病的抗性较'红阳'强，但栽培时仍需注意加强防范。四川栽培实践中发现，'东红'对花期低温阴雨天气较'红阳'敏感，易落果。

钟彩虹等（2016）运用4个引起果实软腐病的菌株对包括'东红'在内的31个栽培品种进行抗性筛选。结果证实'东红'品种的抗性排在第2位，总感病指数是23，而易感品种'秦美'的总感病指数是36。同时，对'东红'在内的24个品种进行抗溃疡病特性筛选，发现'东红'的感病指数是5，而易感品种'红阳'的感病指数是10。说明'东红'的抗性较强。

三、红实2号

'红实2号'原名'红什2号'，是由四川省自然资源科学研究院和四川华胜农业股份有限公司从'红阳'×'SF0612M'杂交后代中选出的红肉新品种。该品种于2014年通过四川省农作物品种审定委员会审定并定名（川审果2013 002），2016年在中国获新品种权（CNA 20130213.4）。主要栽培区域集中在四川绵竹市、什邡市等地，省外有零星种植。

该品种树势强旺。新梢有中等的短茸毛；一年生枝条表皮光滑，有灰白色的茸毛。幼叶叶尖锐尖，基部浅重叠；成叶超广卵形，正面深绿色，无茸毛，波皱度弱，背面绿色，叶片长10.89cm，叶柄长7.71cm。单花序，花序中有效花数1~3个，花柄长3.54cm，花萼6个，绿色。花瓣绿白色，基部排列相接，顶部波皱度轻；花丝淡绿色，花药橙黄色，花柱白色，呈直立或斜生状态。果实广椭圆形，果肉黄绿色，果实横切面长椭圆形，呈红、黄绿相间图案；果喙端呈深凹形状，果实花萼环表现轻微，果肩呈圆形；果实纵径5.73cm，赤道横断面长径4.52cm，短径4.11cm；果柄长3.53cm；有萼片宿存情况，皮孔不突出；果皮绿褐色，有少量黄色短茸毛均匀分布在果皮表面、易脱落；果心长椭圆形，呈黄白色；平均单果重77g，最大102g，可溶性固形物17.1%、干物质含量19%、总糖7.3%、总酸0.2%、维生素C含量184mg/100g。植株以抽生春梢为主，占80%以上，其次抽生夏梢、秋梢。定植后第2年有80%以上植株开花结果，第3年全部结果，第4年进入盛果期，平均株产20~25kg。在四川省绵竹市栽植3月上旬萌芽，下旬抽梢，4月上旬展叶，中旬开花，5月上旬坐果，9月中旬果实成熟，12月上旬落叶，全年生长期265d左右。该品种与'红阳'相比，在自然生长下平均单果质量更大，果肉红色更深，分布面积更大且无空心（图3-3），更耐碰撞和贮藏，货架期更长（李明章，2014）。

从区域性试验点栽培结果来看，'红实2号'一般在海拔800m以下，年平均气温13～18℃，年降水量1 000～1 500mm，土壤疏松透气、富含腐殖质、排水良好，土壤pH值5.5～6.5地区栽培效果最好。该品种较抗叶斑病、褐斑病，溃疡病抗性较'红阳'强，但栽培时仍需加强防范。

图3-3　红实2号

四、金红1号

'金红1号'又名'杨氏金红1号''伊顿1号'，是由杨氏猕猴桃科学研究所从'红阳'猕猴桃与野生中华猕猴桃雄株杂交后代中选出的红肉猕猴桃品种。该品种于2011年通过江苏省林木品种委员会审定（苏S-SV-AY-001-2011），2013年通过国家品种审定。主要栽培区域为四川、河南、江苏等地。

果实圆柱形，果皮浅黄褐色，果面中上部光滑，皮厚、色深、有茸毛，脐部毛被细短软稀，果脐凹，丰产，平均单果重90g，最大果重115g，果形整齐一致，果肉黄，果实横切面与红阳相似，果肉黄色，果心白色，沿果轴的子房呈红色放射状（图3-4），可溶性固形物17%～20%、干物质19%～22%。肉质细，有韧性，香甜、味浓、爽口。定植后第2年结果，第4年进入盛果期，产量可达到1 500kg/亩以上。'金红1号'果实9月下旬成熟，耐贮性好，自然情况下可保存2个月，冷库贮存达到5个月。

图3-4　金红1号

五、金红50号

'金红50号'又名'杨氏金红50号''华朴3号'，是由杨氏猕猴桃科学研究所从'红阳'猕猴桃与中华雄13号杂交后代中选出的红肉猕猴桃品种。该品种于2013年通过江苏省林木品种委员会审定（苏S-SV-AC-005-2013），2015年通过国家品种审定。主要栽培区域为四川、浙江、江苏等地。

该品种树势强健，叶片厚而黑，耐高温、耐干旱，抗病性与适应性强。果实圆柱形，果皮光滑，果皮淡浅黄绿色，脐顶微凸、圆顿，丰产，平均单果重104g，最大果重164.3g，肉色淡黄色，沿果轴的子房呈红色放射状（图3-5），可溶性固形物17%～20%、干物质18%～21%。定植后第2年结果，第4年进入盛果期，产量可达到2 000kg/亩以上。果实耐贮性强，在常温条件下可存放2个月，冷藏条件下可贮藏5个月。在江苏扬州地区每年在3月中旬萌芽，4月下旬开花，10月上中旬采收。

图3-5　金红50号

第二节 国内其他品种（品系）

一、红华

'红华'猕猴桃由四川省自然资源科学研究院和苍溪县农业局以红阳为母本，以野生美味猕猴桃为父本，通过杂交选育而得到。该品种于2004年通过四川省农作物品种审定委员会审定（川审果树2004 003），并于2014在中国获得新品种权（CNA 20040730.9）。目前主要在四川苍溪县、蒲江县、雅安市，以及重庆等地有少量栽培。

该品种生长势强旺，萌芽率70%，成枝率和果枝率较高。坐果率90%，以中长果枝结果为主，花着生于第2～7节，花量大，单花结实。嫁接苗第3年结果，第5年进入盛果期，平均单株产量18～24kg。果实长椭圆形，平均单果重97g。果品黄褐色，果面背细茸毛，成熟时全脱落而光滑，果脐平坦或微凹。果肉沿中轴红色，横切面红色素呈放射状分布，红色素含量较'红阳'低，且不稳定（图3-6）。肉质细腻，有香气。可溶性固形物含量19%、总糖12%、总酸1.4%、维生素C含量70mg/100g。果实9月下旬成熟，耐贮性中等，常温下可贮藏20d左右，冷藏条件下贮藏100～120d。

图3-6 红华

该品种抗逆性较强，夏季高温多雨天气易发生叶片向上翻卷现象。花期怕低温阴雨，尤其怕倒春寒。花期大风对其坐果影响较大，对溃疡病的抗性一般。适合在四川海拔400～800m低山区或相似生态区栽培。

二、红美

'红美'猕猴桃由四川省自然资源科学研究院和苍溪县农业局从野生美味猕猴桃实生苗中选育而成，2004年通过四川省农作物品种审定委员会审定（川审果树2004 004），并于2014年在中国获得品种权（CNA 2004 0729.5）。目前在四川苍溪县、峨眉山市有少量栽培。

该品种树势强健，生长量大，一年生枝长可达6m，成枝力强，一年生枝褐色。花量大，单花为主，占70%；中短果枝结果为主。盛果期平均单株产量20kg左右。适宜种植在夏季冷凉区域，但对旱、涝、风的抵抗力较差。果实圆柱形，果顶微凸，平均单果重73g，果品黄褐色，密生黄棕色硬毛。果肉红色，横切面红色素呈放射状分布（图3-7）。果肉细嫩、微香、口感好、易剥皮。果实可溶性固形物含量19%、总糖13%、总酸1.4%、维生素C含量115mg/100g。在四川成都地区4月下旬开花，10月中旬成熟，抗病性强。

图3-7 红美

三、红什1号

'红什1号'猕猴桃品种由四川省自然资源科学研究院以'红阳'为母

本，'SF1998M'为父本杂交选育而成，于2011年通过省级品种审定（川审果树2010 006），并于2014年在中国获得品种权（CNA 20100122.7）。目前主要在四川什邡市、绵竹市有少量栽培。

树冠紧凑，长势较强，一年生枝条浅褐色，嫩枝薄被灰色茸毛。花芽易分化，花序数和侧花数较多。子房球形，纵切面淡红色。果实椭圆形，有缢痕，果顶浅凹或平坦，果柄较长而粗。定植后第3年全部结果，第4年进入盛果期，株产20~30kg。平均单果重85.5g，果皮较粗糙，黄褐色，具短茸毛，易脱落。果肉黄色，子房鲜红色，呈放射状（图3-8）。果实可溶性固形物17.6%、干物质含量22.8%、总糖12%、总酸0.13%、维生素C含量147.1mg/100g。在四川什邡市4月中旬开花，果实9月中上旬成熟。

根据区域性试验的结果，'红什1号'适宜在海拔1 000m以下，年平均气温13~18℃，年降水量1 000~1 500mm，土壤疏松透气、富含腐殖质、排水良好，土壤pH值5.5~6.5地区栽培效果最好。

图3-8　红什1号（李明章供图）

四、红昇

'红昇'猕猴桃由中国科学院武汉植物园和苍溪猕猴桃研究所从野生中华猕猴桃资源中通过实生后代选育得到。2015年通过四川省农作物品种审定委员会审定。

该品种树势较强。萌芽率57%，成枝率89%，果枝率81%，以中、短果枝结果为主，坐果率93%。每个结果枝坐果1~5个，平均2.3个，每个结果母枝上抽生结果枝1~8个，平均6.9个。一年生枝表皮光滑，新梢被茸毛，枝条皮孔长椭圆形，叶阔卵形，叶锐尖，叶基不相接，被稀疏茸毛。果实扁圆柱形，果顶凹陷后又突出成喙。果皮黄褐色，有中等大小皮孔。果实对半纵切面外圈金黄，内圈放射状红色，比'红阳'的红色区长（图3-9）。果肉细腻多汁，有香气，味甜微酸。平均单果重83g，最大117g，果实可溶性固形物18.35%、总糖15%、总酸1.08%、维生素C含量47.2mg/100g。常温下可贮藏3~4周，低温贮存可达到5个月左右。'红昇'嫁接后第2~3年开始结果，第5年丰产，第6年进入盛产期，单株产量可达18~25kg。在四川苍溪县2月下旬萌芽，4月中旬开花，花期6~10d，果实9月中下旬成熟。

图3-9 红昇

该品种适应性和抗逆性强，溃疡病抗性一般。可在四川盆地周边低山区（海拔900m以下）及相似生态区种植。

五、楚红

'楚红'猕猴桃由湖南省园艺研究所从野生中华猕猴桃资源中选育的猕猴桃新品种，2004年通过湖南省农作物品种审定。

该品种长势强，萌芽率55%，结果枝率85%。花为单花，少数聚伞花序，果实着生在结果枝的第2~10节，坐果率95%。果实长椭圆形或扁椭圆形，平均单果重70~80g，果皮深绿色无毛，果点粗。果肉黄绿色，近中央部分中轴周围呈鲜红色，横切面从外向内呈现绿色—红色—浅黄色（图3-10）。果肉细嫩，风味浓甜可口，可溶性固形物含量14%~18%、总糖9%、总酸

2%、维生素C含量100～150mg/100g。定植嫁接后第2年开始结果，第4年进入盛果期，平均每株产量32kg左右。在湖南省长沙地区，2月上中旬进入伤流期，3月中旬萌芽，4月初现蕾，4月下旬开花，9月上旬果实成熟。

该品种适应范围广，具有较强的抗高温干旱和抗病虫害能力，较抗溃疡病，在四川、湖南、湖北等地中低海拔区域均能生产栽培。当栽培地夏、秋季节高温时，果肉红色表现不明显或不为红色。

图3-10 楚红

六、晚红

'晚红'猕猴桃由陕西省宝鸡市陈仓区桑果工作站、岐山县猕猴桃开发中心、眉县园艺工作站等单位从四川苍溪猕猴桃研究所购回一批红阳猕猴桃接穗，经高接换种后于2002年发现的一个晚熟优株，经子代鉴定和区试，2009年通过陕西省果树品种审定委员会审定。

该品种生长势强，萌芽率73.2%～87.3%，成枝率86.3%～92.2%，结果枝率高达92.3%～98.1%。以长果枝结果为主，从基部第3～8节都可开花坐果，单枝花序数3～5个，定植第3年开始挂果，第6年进入盛果期，每亩产量在2 000kg以上。果实长椭圆形，平均单果重91g，最大单果重132g，顶突出或平，梗洼浅，而红阳果实顶部稍大，萼洼内陷。果面绿褐色，皮厚，被褐色软毛；熟后果肉黄绿色，红心，质细多汁，味甜爽口，风味浓香，品质优（图3-11）。可溶性固形物含量16.5%、总糖含量12%、总酸含量1.2%、维生素C含量97mg/100g，后熟期20～30d，耐贮性好。在陕西省宝鸡市秦岭北麓区域，3月中旬萌芽，3月底展叶现蕾，4月下旬开花，花期持续5～7d，果实10月中旬成熟，果实发育期160d左右，成熟期比'红阳'晚约1个月，11月中下旬落叶。

该品种丰产性和商品性均好，抗逆性强，适合在海拔300～1 000m范围内、冬季不易发生冻害的区域栽培。

图3-11 晚红

七、脐红

'脐红'猕猴桃是'红阳'的芽变优系，在陕西宝鸡陈仓区党家堡村'红阳'猕猴桃园中发现，后经周至县猕猴桃试验站引入培育成为优良株系。与'红阳'相比，该株系的果实萼洼处有明显的肚脐状突起，成熟期较晚，耐贮藏。2014年通过陕西省果树品种审定委员会审定，命名为'脐红'。

该品种树势强旺，一年生枝略显绿褐色，较硬，较光滑。花白色，单生或呈三花聚伞花序，果实近圆柱形，平均单果重97g，果皮绿色，无茸毛，果顶下凹，萼洼处有明显的肚脐状突起。果肉黄绿色，果心周围有放射状红色图案（图3-12），风味甜，具香气，可溶性固形物含量19.9%、总糖12.56%、总酸1.14%、维生素C含量97mg/100g。一般定植嫁接后第2年开始挂果，5年后进入盛果期，产量每亩可达2 000kg。在陕西关中猕猴桃产区2月下旬伤流开始，3月下旬萌芽，4月初展叶、现蕾，4月下旬开花，9月下旬果实成熟，果实生长期为150d左右，果实较耐贮藏，常温下可贮藏1个月，低温可贮藏4～6个月。

该品种抗病、抗虫性较强，可在秦岭南麓不易发生冻害或相似地区栽培。

图3-12　脐红（右图中左边为'红阳'，右边为'脐红'）

第四章　红肉猕猴桃优质壮苗培育技术

育苗是猕猴桃生产的重要环节，苗木质量的好坏直接影响着以后树体的生长发育和产量的多少。完善的育苗技术，可保证培育出的种苗品种纯正、生长健壮、整齐度高，使用优质壮苗建园可有效缩短猕猴桃营养生长期，达到早结、丰产、稳产的目的。猕猴桃种苗繁育方法一般包括实生繁殖、嫁接繁殖、扦插繁殖、组织培养繁殖和其他繁殖等手段和方法，目前生产上使用较多的为嫁接繁殖和组织培养繁殖。

第一节　嫁接苗培育技术

一、裸根嫁接苗

（一）砧木苗培育

1. 种子采集

采用生长健壮、抗逆性强、无病虫害、品性优良的野生美味猕猴桃或'金魁''翠玉''徐香''米良1号''布鲁诺'和'川猕1号'等猕猴桃品种成龄母树进行采种。一般在9月下旬至11月上旬待果实充分成熟后采种。选择优良单株上果实大、果型端正的成熟果实，采摘后在阴凉地方堆放变软后捏碎，将种子连同果肉一同挤出装入网袋中揉碎搓烂，压尽果汁，然后放入水盆中淘洗，漂出杂质和瘪籽。将洗出的种子用清水洗干净，放在室内阴干，不要在强光下暴晒。将晾干的种子装入袋内，并妥善保管，防止老鼠啃食。种子应籽粒饱满，颜色呈黑褐色（图4-1），千粒重1.5g以上，纯净度95%以上，含水量8%～10%，发芽率大于70%，具有较强的种子生活力（严禁从有猕猴桃传染病疫情区采集种子，严禁通过工业加工的方法取得种子）。

图4-1　猕猴桃种子

2. 种子处理

种子在播种前应进行灭菌消毒及催芽处理。将种子放入0.5%高锰酸钾溶液中灭菌消毒5～10min后进行沙藏。沙藏前用清水冲洗净药液，将种子用温水浸泡12h，然后一层细沙一层种子，种子每层厚度不超过1cm，保持细沙湿润进行催芽。也可按种：沙=1：（5～10）的比例拌匀，放入袋中，之后放在阴凉的地方或埋入地下，并保持细沙湿度在75%～85%。沙藏期间要注意每隔1周左右检查一次，沙子干时应及时掺水，并上下翻动，避免上干下湿。当有30%的种子裂口露白后即可播种，也可在播种前20d将种子灭菌消毒后，装入袋子中，每天用10～20℃的温水冲洗2次，冲洗的同时翻动种子，有30%种子露白后即可播种。种子经低温沙藏后才能出苗，否则出苗很少。沙藏一般以40～60d为好。

3. 整地播种

猕猴桃的种子很小，萌动后长出来的芽也很小很细，所以在播种前要注意精细整地。应选择地势平坦，排灌方便、不积水、土壤质地疏松肥沃，pH值5.5～6.5呈微酸性的沙壤土地块。黏性过重、沙砾过多过大、易积水的地块，以及近3年内种植过花木、蔬菜的地块不宜作为育苗地。播种15d前，将育苗地深耕细耙，拣去石块、树根及杂草，每亩施入硫酸亚铁25～35kg、复合肥或尿素50kg，磷肥100kg，做成宽100～120cm、长20m的畦田，在多雨地区或低凹地区做成高畦，比地面高15～20cm，畦面耙平、耙碎。地下害虫多的地区要撒施或喷施一次杀虫剂，避免害虫伤苗。一般在日均气温达到12℃左右（3—4月）时播种较为适应。播种前先将育苗地浇透、浇匀，将催芽处理过的种子与细沙拌匀（图4-2），均匀撒播在畦面上，每亩播种1~1.5kg，再覆盖0.2~0.3cm厚细土，并喷一次透水，用厚度≥0.4mm的白色薄膜覆盖畦面保湿。

图4-2　猕猴桃种子沙藏（图中黑褐色为猕猴桃种子）

4. 播后管理

种子出苗30%左右时（图4-3左），去除薄膜，并进行搭棚遮阴，透光度50%~60%。播种后要经常保持育苗地土壤湿润，前期以喷洒水为主，当长出3个以上叶片时可直接浇灌，保持土壤湿度70%~80%为宜，并做到苗地内无积水。当幼苗长出2片真叶后，每15d喷施一次0.25%尿素溶液；3片真叶时，进行间苗，间去过弱苗和畸形苗，保留密度株间距10~15cm，间苗移栽应在阴雨天或晴天的傍晚进行（图4-4右上和右下）；5片以上真叶可结合浇水进行土壤施肥（图4-3右），每亩施尿素或高氮复合肥5~7.5kg。9月中旬停止施肥，促进苗木木质化。幼苗期应及时除草，除草后及时浇水1次（图4-4左上）。当苗木长至40cm左右时对苗木进行摘心（图4-4左下），促进苗木腋芽饱满和木质化。8月下旬去掉遮阴棚。幼苗期每10~15d喷洒一次浓度0.1%的甲基硫菌灵溶液，连喷3~5次，预防苗木立枯病、猝倒病及根腐病的发生。当年苗高40cm以上，地径粗度0.6cm以上，腋芽成熟饱满、根系完整、无病虫害和机械损伤，一级优质壮苗应占育苗总数的80%以上，达到标准的实生苗可进行嫁接。

图4-3 猕猴桃种子出芽及幼苗

图4-4 猕猴桃幼苗移栽及栽后管理

（二）嫁接培育

1. 嫁接品种选择

嫁接品种应选择经过省级以上良种审（认）定的适宜本地栽植、口感好、商品性能好、经济价值高的优良红肉猕猴桃品种。嫁接品种应为与砧木亲和力强的同种或同一变种。红肉猕猴桃品种既可用美味猕猴桃作砧木，也可用对萼猕猴桃、大籽猕猴桃等作砧木，推荐使用亲和力强、抗性好的美味或对萼猕猴桃优系作砧木；砧木标准为地径0.6cm以上，根系完整，有3～5个饱满芽、无病虫害、无机械损伤、无冻害、无干枯枝条。嫁接时应按照嫁接苗总数8%～10%的量同时嫁接生长旺盛、花粉量大、花期长并与主品种花期相吻合的雄性品种。

2. 接穗的采集与嫁接

选择生长健壮、无病虫害、品种纯正的中龄优良单株，采集粗度0.4～0.8cm，枝节短，腋芽成熟饱满，木质化程度高的一年生枝条。严禁从有病虫害植株及有传染性疫情的地方采集接穗。冬季采集的接穗，应在室内或地窖内用湿沙贮藏备用，春、夏季采集的接穗应进行保湿，做到随采随用。冬、春季嫁接在1月至2月下旬芽体未萌动之前进行，萌芽前20～40d为宜。夏季嫁接在6—7月。嫁接方法主要采取芽接或枝接。嫁接部位距地面以上部位5～10cm。在室内嫁接后再移入苗圃进行栽植培育的，栽植后应当及时遮阴，8月下旬去掉遮阴物，进行炼苗。在原苗圃地就地嫁接的不用遮阴。冬、春季和夏季嫁接方法分别见图4-5和图4-6。

图4-5 猕猴桃冬、春季嫁接

图4-6　猕猴桃夏季嫁接

3. 提高嫁接成活率技术要点

选择砧木和接穗时，粗度尽量一致或接近。嫁接工具要锋利，应进行灭菌消毒处理，要求切面光滑平整，接穗与砧木切口形成层对接严密，绑扎紧密牢固。所有伤口保持清洁。当砧木与接穗粗度差异较大时，必须保证一边的形成层对准。扎带应使用专用厂家生产的韧性好、弹性强的宽3～5cm专用扎带绑扎。嫁接技术熟练、操作快、伤口暴露时间短。

（三）嫁接苗管理

萌芽后及时抹除砧木上的萌芽。经常保持育苗地土壤湿润，土壤湿度在75%～85%。有积水时要及时排出，及时中耕除草，根据苗木长势进行叶面喷肥或结合中耕除草、浇水等进行追肥，用尿素或磷酸二氢钾进行叶面施肥，浓度不超过0.3%，土壤追肥每亩每次施入尿素或磷酸二氢钾7.5～10kg，9月中旬停止施肥，促进苗木木质化。当接穗抽条长至5～7个叶片时进行摘心（图4-7左），促进苗木粗壮。接穗嫁接部位完全愈合，新梢半木质化以后及时解去嫁接时的绑扎带。嫁接后刚抽生的嫩枝木质化程度较低，易被风吹折，且往往是从芽基部折断。因此当接芽生长到一定高度时，及时采用小竹竿或树枝等进行绑缚和固定，使幼苗直立向上生长，注意不要让新梢缠绕盘旋在固定物上（图4-7右）。

图4-7　猕猴桃嫁接苗田间长势

二、营养袋嫁接苗

在2010年以前，我国红肉猕猴桃种植主要采取裸根嫁接苗定植，但因嫁接苗长势弱，逐步发展成现在的先栽植实生苗，生长1年后再嫁接的方式进行建园。由于实生苗培育门槛低，技术难度小，生产上农户自繁自育自销的现象非常普遍，造成苗木质量参差不齐，定植成活率低，嫁接后成活率差，而且由于长势不好，嫁接后2～3年才投产，3～5年才进入丰产期，极大地增加了生产管理成本，导致投资高、见效慢、效益低。除此之外，在嫁接过程中，接穗来源复杂，为溃疡病的传播和蔓延提供了条件，极不利于猕猴桃产业的健康持续发展。而采取营养袋育苗技术，可提高猕猴桃定植成活率，提早新建园投产，为猕猴桃丰产优质生产提供壮苗保障。

营养袋育苗技术包括种子收集与处理、整地播种、移栽、定植、更换营养袋（钵）、嫁接以及生长管理等步骤，其中种子收集与处理、整地播种、嫁接及生长管理等方面与裸根嫁接苗培育方法相同。营养袋育苗与裸根苗育苗主要不同处在以下几个方面。

（一）播种育苗

在大棚或温室内育苗，种子催芽处理后超过50%露白时进行播种，将种子播种于50孔或72孔的穴盘中，育苗用基质按照园土：草炭（或椰糠）为1：（1~1.5）的质量比进行配制。每孔播种3~5粒种子，播撒在基质上后轻压使其散开，表面覆盖0.2~0.3cm的轻基质，之后浇透水，覆盖薄膜。大棚或温室内保持温度为25℃左右（图4-8）。

图4-8　猕猴桃温室播种育苗

（二）幼苗移栽

出苗后及时间苗，确保每孔内有1~2株健壮的实生苗。幼苗长至3~5片真叶后，将其移栽到10cm×15cm的营养袋中，移栽时用清水涮洗根部，便于分苗时保护幼苗根系。幼苗长至6~7片真叶后，将其移栽到30cm×30cm的控根容器中进行定植，控根容器为黑色聚乙烯材质。移栽所用的基质为轻基质（腐熟有机肥、珍珠岩、蛭石的体积比为2：1：1）。定植在控根容器后加强肥水管理，每隔1个月撒施一次三元复合肥，共计施3次，每次施肥量控制在5g/株。当幼苗长到30~40cm时及时摘心抹芽，以促进幼苗增粗生长。

（三）嫁接

当实生苗生长到地径超过0.7cm时进行嫁接，嫁接时期一般为冬季或春季，在实生苗根颈部位以上5~10cm处采取单芽枝切接法进行嫁接。嫁接成活后，待接芽长至15cm时，抹除所有砧木上的萌芽（图4-9左上），待接芽长至20cm以上时，每隔15d采用0.1%的均衡水溶肥浇灌1次（图4-9右上）。待接芽长至100cm，进行摘心，并抹除嫁接口以上40cm范围内所有的萌芽，待二次枝长至60cm时进行摘心，保留3~4片大叶。嫁接萌芽后，采用透光率15%的遮阳网搭建高1.8m以上的遮阳棚，为苗木生长创造良好的环境。此方法培育的种苗（图4-9下）定植成活率可达到100%，可以实现当年嫁接苗培育、当年出圃并栽培，第2年结果，且亩产达到420kg左右。

图4-9　猕猴桃营养袋嫁接苗田间长势

第二节　组培苗培育技术

当前我国猕猴桃溃疡病为害呈现日益加重的趋势，严重影响着猕猴桃产业的健康发展，在目前猕猴桃种苗繁育和引种现状下，各主产区、新栽区交叉感染极其严重。据统计，2016年全国猕猴桃感染溃疡病面积达到

3 000hm²以上，造成近4.5亿元人民币的损失。目前主栽的红肉猕猴桃多为易感溃疡病品种，感病果园日益增多，呈蔓延趋势，迫切需要培育抗病猕猴桃砧木苗，并嫁接没有被溃疡病感染的接穗，形成洁净不带菌、健壮优良的猕猴桃种苗用于生产中。因此，综合猕猴桃组织培养、工厂化快繁以及抗病砧木筛选利用、脱毒（菌）苗以及微嫁接、大苗高位嫁接等技术，形成科学有效的猕猴桃种苗生产体系，降低溃疡病等病虫害对猕猴桃生产的危害，是当前猕猴桃种苗发展的一个重要方向。

植物组织具有无限增殖和产生不定芽、不定根的能力，可以在培养条件合适的情况下，通过一个芽（或枝条、叶片等外植体）就可以培养出成千上万的植株。因此，采用组织培育的方法，进行大批量的种苗繁育工作，对保持品种特性、生产一致度较高的种苗，具有十分重要的意义。红肉猕猴桃的组培快繁方法包括直接形成品种自根苗以及双向组培苗（或微嫁接组培苗）。

一、自根苗

（一）外植体材料消毒与接种

组织培养的材料可以是猕猴桃的茎段、茎尖、腋芽、叶片、叶梗、下胚轴、胚乳、原生质体等。也有采取根、果实组织作为接种材料的。目前常用的外植体材料为猕猴桃的茎段、茎尖和腋芽。于4月取'红阳''东红''红昇''红实2号'等不携带溃疡病的红肉猕猴桃当年生新梢茎段1.5~2.5cm进行消毒灭菌处理。灭菌方法：采用70%~80%的酒精溶液处理15~25s，用0.05%~0.15%的升汞溶液处理4~6min，之后再用无菌水冲洗3~4次。将灭菌后的红肉猕猴桃茎段置于MS+1.0mg/L 6-BA+0.1mg/L NAA的初代培养基上进行培养，诱导产生愈伤组织进而分化出幼芽。接种材料放于光照条件下培养，光照强度2 000lx，温度25℃左右，光照时间12h/d。

（二）继代培养

将经过初代培养获取的茎段置于MS+2.0mg/L 6-BA+0.1mg/L NAA+0.1mg/L GA₃的培养基上进行继代培养。培养材料放于光照条件下培养，光照强度3 000lx，温度25℃左右，光照时间12h/d。

（三）生根培养

将经过继代培养的猕猴桃茎段置于1/2 MS+0.7mg/L IBA+0.5%活性炭的生根培养基上诱导生根。光照强度3 400lx，温度25℃左右，光照时间12h/d。培养7d左右就会长出不定根，25～30d后可获得8～10条长2.5～3.0cm的根，即可移栽。

（四）炼苗与移栽

在移栽前2周进行炼苗，将装有组培苗的培养瓶从组培室中取出，于室温情况下初步炼苗1周，之后3～5d逐步打开瓶盖至完全敞开。炼苗完成后，取出生根瓶苗，用自来水洗净根上的培养基，然后移栽至装有营养土的营养钵中。营养土成分为腐殖土：草炭：珍珠岩=2：1：1。之后按照营养袋组培苗的培育方法进行培育以得到合格的生产苗木（图4-10）。

图4-10　猕猴桃自根组培苗

二、双向组培苗

猕猴桃抗溃疡病双向脱毒大苗培育生产方法，旨在解决猕猴桃传统苗木生产技术中存在的"发病期接穗交叉感染导致苗木携带溃疡病风险、砧木、接穗同时不抗病导致感染后毁园"等问题。此方法所生产的猕猴桃嫁接苗不携带溃疡病菌，同时由于使用了抗溃疡病砧木，采取了大苗高位嫁接技术，使得树体本身对溃疡病的抗性明显增强。该技术主要包括抗溃疡病砧木筛选和鉴定、抗溃疡病砧木组培苗生产、红肉猕猴桃品种脱毒苗生产及采穗圃建设、抗溃疡病大苗嫁接及成品苗生产等方面。

（一）抗溃疡病砧木筛选和鉴定

从现有的猕猴桃品种及野生资源中选用20～30种材料进行抗溃疡病砧木的筛选。材料可以是野生美味猕猴桃资源，现有猕猴桃品种如'金魁''徐香''翠玉''布鲁诺''海沃德''米良1号''华美2号''香绿'等，以及抗病品种杂交子代材料。对上述材料采用离体枝条鉴定法进行初步筛选，再用幼苗抗病性筛选以确定其感病率和抗病性，筛选确定达到高抗溃疡病标准的材料。之后进行嫁接亲和性鉴定，最终筛选出具有高抗溃疡病且与所需栽培的红肉猕猴桃品种具有良好嫁接亲和性的材料作为生产用砧木。

（二）抗溃疡病砧木组培苗生产

对筛选出的抗溃疡病材料，取新梢顶端小于5mm的茎尖作为外植体进行初代培养、继代培养和生根培养。获取生根组培苗后进行炼苗和移栽，培育出脱毒的砧木大苗。

（三）红肉猕猴桃品种脱毒苗生产及采穗圃建设

'红阳''东红''红昇''红实2号'等红肉猕猴桃品种选择未感染溃疡病的区域，取新梢顶端小于5mm的茎尖作为外植体进行初代培养、继代培养和生根培养。获取生根组培苗后进行炼苗和移栽，培育出无病毒的接穗品种苗木，并在合适的区域建设无毒化采穗圃以保存和生产接穗品种苗木，苗木进入采穗圃前要进行溃疡病分子检测，确保所生产的接穗不带溃疡病菌。

（四）抗溃疡病大苗嫁接及成品苗生产

经炼苗移栽的砧木组培苗于第2年的7月开始，按照"高度≥1.6m+直径≥0.8cm"的标准选择可以嫁接的砧木苗，作为嫁接备选苗（图4-11）。抽样15%~25%进行溃疡病分子检测，未检出猕猴桃溃疡病菌则可以作为嫁接砧木。在无菌操作模式下，迅速完成嫁接，嫁接位置为距离砧木根颈部位1.6m以上、1.8m以下，嫁接方法采用劈接或枝腹接。经过合理培养后，春季即可作为成品苗带土定植到生产果园；如果冬季嫁接，待接穗发芽生长3~5个月后，带基质定植。

图4-11　国外猕猴桃优质组培苗

三、微嫁接育苗

猕猴桃微嫁接技术通过将抗病性的砧木品种（或品系）与优良的红肉猕猴桃品种同时进行组织培养，建立两种猕猴桃快繁体系，并在组培条件下，将砧木和接穗进行试管内嫁接，从而得到组培嫁接苗的方法。该技术可大大缩短育苗时间，既得到了砧木的抗性，又保持了嫁接品种的优良特性，同时对嫁接环境参数进行了控制，嫁接苗成活率大大提高，改善了现有猕猴桃种苗生产体系。猕猴桃微嫁接技术包括抗性砧木和接穗品种组培苗获取、试管内微嫁接和培育、组培嫁接苗炼苗移栽以及大苗培育等方面。

（一）抗性砧木和接穗品种组培苗获取

于4月采集'米良1号''徐香''金魁''翠玉'等抗性砧木或野生

美味猕猴桃材料当年生新梢茎段1.5cm，于3月采集'红阳''东红''红实2号'等红肉猕猴桃品种当年生茎段1cm，作为外植体分别进行灭菌处理。处理后的砧木材料用MS+0.5mg/L 6-BA+0.5mg/L NAA+0.5mg/L 2, 4-D的初代培养基进行培养，红肉猕猴桃品种材料采用MS+1.0mg/L 6-BA+0.1mg/L NAA的初代培养基进行培养，以诱导愈伤组织进而分化出幼芽。分化出的幼芽材料经过继代培养、生根培养之后，分别得到砧木组培苗和红肉品种组培苗，以备进行微嫁接。

（二）试管内微嫁接和培育

选择健壮的砧木组培苗，切除植株顶部、基部和叶片，保留中段的1.8cm作为砧木；选择健壮的红肉品种组培苗，切除基部和叶片，保留顶部的0.8cm为接穗，保持底端切口呈楔状斜面，斜面长度约0.4cm。采用劈接法将已经切割好的砧木材料，从顶端向下劈切0.5cm，然后将接穗材料插入砧木切口，保持切口密切接触，迅速用锡箔纸包裹切口，将砧木和接穗结合，获得组培嫁接苗。将嫁接苗竖直插入1/2 MS+1.0mg/L IBA+0.5mg/L GA$_3$+40%蔗糖的嫁接培养基中，嫁接培养基的pH值调整为5.8，然后将试管密封，置于20℃、光照2 000lx、光照时间12h/d下培养40d。

（三）组培嫁接苗炼苗移栽以及大苗培育

在移栽前2周进行炼苗，将装有组培苗的培养瓶从组培室中取出，于室温情况下初步炼苗1周，之后3～5d逐步打开瓶盖至完全敞开。炼苗完成后，取出生根瓶苗，用自来水洗净根上的培养基，然后移栽至装有营养土的营养钵中。营养土成分为腐殖土：草炭：珍珠岩=2：1：1。之后按照营养袋组培苗的培育方法进行培育以得到合格的生产苗木。

第三节 红肉猕猴桃优质壮苗标准

猕猴桃优质种苗质量应符合表4-1的最低要求，不建议使用3年生及以上的苗木进行建园生产。

表4-1 猕猴桃壮苗质量要求

项目		级别		
		一级	二级	三级
红肉猕猴桃品种与抗性砧木		品种纯正。雌株材料选择综合性状优良的红肉品种。雄株材料花期应与雌株材料基本一致或提前1~2d。砧木最好选择抗病抗逆性和适应性强的美味猕猴桃实生苗。也可使用大籽猕猴桃、对萼猕猴桃或葛枣猕猴桃等优系扦插苗做砧木		
根	侧根形态	侧根没有缺失和劈裂伤		
	侧根分布	均匀、舒展而不卷曲		
	侧根数量（条）	≥4		
	侧根长度（cm）	当年生苗≥20，二年生苗≥30		
	侧根粗度（cm）	≥0.5	≥0.4	≥0.3
苗干高度	苗干直曲度（°）	≤15.0		
	当年生实生苗（cm）	≥100.0	≥80.0	≥60.0
	当年生嫁接苗（cm）	≥90.0	≥70.0	≥50.0
	当年生自根营养系苗（cm）	≥100.0	≥80.0	≥60.0
	二年生实生苗（cm）	≥200.0	≥185.0	≥170.0
	二年生嫁接苗（cm）	≥190.0	≥180.0	≥170.0
	二年生自根营养系苗（cm）	≥200.0	≥185.0	≥170.0
	苗干粗度（cm）	≥0.8	≥0.7	≥0.6
根皮与茎皮		无干缩皱皮，无新损伤，老损伤总面积不超过1.0cm^2		
嫁接苗品种部分饱满芽数（个）		≥5	≥4	≥3
接合部位愈合情况		愈合情况良好。枝接要求接口部位砧木接穗粗度一致，没有大小脚情况或嫁接部位凸起臃肿现象；芽接要求接口愈合完整，没有空、翘等现象		

（续表）

项目	级别		
	一级	二级	三级
木质化程度	完全木质化		
病虫害情况	除国际规定的检疫对象外，还不应携带以下病虫害：根结线虫、介壳虫、根腐病、溃疡病、飞虱、螨类		

注：苗木质量不符合标准规定或苗数不足时，生产单位应按照用苗单位购买的同级苗木总数补足株数，计算方法如下：差数（%）=（苗木质量不符合标准规定的株数+苗数数量不足株数）/抽样苗数×100，补足株数=购买的同级苗总数×同级苗差数百分数（%）。

参考《GB19174—2010　猕猴桃苗木》。

各类优质苗木见图4-12至图4-14。

图4-12　猕猴桃优质实生苗

图4-13　猕猴桃优质裸根嫁接苗　　图4-14　猕猴桃优质营养袋嫁接苗

红肉猕猴桃科学选址建园技术

选址规划与改土建园是决定红肉猕猴桃种植成败的首要因素。从四川过去20余年发展红肉猕猴桃的历程来看，90%以上的低产低效园都是选址不当或改土不科学或苗木定植不规范造成的。因此，如何选择适宜红肉猕猴桃种植的立地条件，并根据生产需求和生态实际进行园区规划、土壤改良培肥、雌雄株配置与棚架搭建成为广大种植者首先要解决的问题。

第一节　园址选择与规划

猕猴桃有"四喜"（喜温暖、喜湿润、喜肥沃、喜光照）、"四怕"（怕干旱、怕水涝、怕强风、怕霜冻）特性。红肉猕猴桃是当前猕猴桃经济栽培种类中对气候和立地条件要求最为苛刻的类型。在园址选择前，需先熟悉第二章的内容。

一、园址选择要求

（一）土壤条件

土层深厚（土壤厚度≥60cm），疏松透气，排灌便利，地下水位1m以下，耕层土壤有机质含量高，以壤土或沙壤土为宜。忌涝洼地和黏重土壤（图5-1、图5-2）。

作者曾以7年生'红阳'猕猴桃为研究对象，探讨了4个产量水平猕猴桃园（分别为2 282.00kg/亩、1 953.13kg/亩、1 236.86kg/亩、849.34kg/亩）土壤理化指标与植株叶片特性、产量的相关性，并运用二次多项式逐步回归方式建立了土壤各项理化指标与百叶重、叶绿素总量、产量的回归方程。

结果表明，0～40cm土层的土壤容重与植株产量、百叶重、叶绿素总量均呈负相关；土壤有机质和全钾含量与植株产量呈显著正相关；土壤全N、全Mn含量与营养枝叶片百叶重呈显著负相关；土壤全P、全K、全Cu含量与营养枝叶绿素总量呈显著正相关。各土壤因子中，对红阳猕猴桃生产力影响最大的是全K含量（X_{11}）、全Fe含量（X_{17}）、水解N含量（X_8）、有效P含量（X_{10}）、土壤容重（X_1）、全Ca含量（X_{13}）6个指标，其与红阳猕猴桃单位面积产量（Y）的回归方程为，$Y=-856.644+18.523X_{11}X_{17}+0.039X_8X_{10}-201.366X_1X_{13}$，且偏相关系数均达极显著水平。

图5-1 水稻田改种'红阳'猕猴桃因地下水位常年偏高造成产量低

图5-2 新西兰猕猴桃园土壤剖面（左）与四川苍溪红肉猕猴桃园土壤剖面（右）

作者在对四川不同产区红阳猕猴桃高产园（亩产≥2 000kg）土壤主要理化性质指标检测发现，0～20cm土层的土壤pH值为4.8～7.3、土壤容重为1.08～1.17g/cm³、土壤沙粒占比67%～75%、土壤黏粒占比12%～17%、有机质含量为3.5%～4.7%、全N含量为1.76～2.15g/kg、全P含量为0.85～1.35g/kg、全K含量为1.58～1.94g/kg、全Fe含量为151～223mg/kg、碱解N含量为189～240mg/kg、有效P含量为112～358mg/kg、速效K含量为157～414mg/kg。

因此，要想红肉猕猴桃高产优质，在建园选址时土壤pH值宜<7.5（过高容易发生黄化），耕层土壤容重宜<1.2g/cm³（过高应进行掺沙或增加粗有机质改土），有机质含量宜>3%（过低应一次性补充有机肥改土），有了这个基础，再结合生产需求针对性补充速效养分，植株生长和产量品质才有保障。

（二）气候条件

气候温和，年均气温14～20℃，1月平均气温5.0℃以上，冬季极端低温-2℃以上，7月平均气温30℃以下，年空气相对湿度70%～80%，年日照时数1 100h以上，≥10℃有效积温4 500℃·d以上，年降水量800～1 400mm，无霜期270d以上。四川生产实践证明，冬季如果连续出现10d以上霜冻，当年溃疡病为害严重。因此，霜冻严重的地区必须采取避雨设施栽培降低溃疡病暴发风险。

（三）地形地势

四川盆地范围内，宜在海拔500～800m区域选择背风向阳的缓坡地建园，其次为浅丘、台地和平地，不宜在陡峭山地和洼地建园。面积≥5亩的园区在选址时应尽量考虑机械化生产要求。目前我国南方市场上常用果园机械轮式动力底盘的最大爬坡角为15°～24°，最大越埂高度为23.5～52.8cm。机械宽度普遍为1.1～2.0m、高度0.6～1.6m，最小转弯半径1.5～2.4cm。因此，规模化园区选址时应尽量达到以下要求。

平地：坡度小于5°、地下水位在1.2m以下、犁底层厚度<60cm，且未发生过严重涝害，集中连片面积≥500亩。

缓坡地：坡度为5°～15°、地下水位在1.0m以下，并能够快速将地表径流和地下水良好的排出园区，集中连片面积≥300亩。

台地或浅丘区：坡度为15°～25°、土层深度60cm以上、灌溉条件有保障、可改建成台面>10m梯地，集中连片面积≥100亩。

由此可见，宜机化红肉猕猴桃园在选址时与普通园存在明显差异，见表5-1。

表5-1 宜机化红肉猕猴桃园与普通园选址差异比较

比较内容	宜机化红肉猕猴桃园	普通园	备注
坡度要求	以坡度<25°为宜	坡度<45°均可	坡度越大，宜机化改造成本越高
土壤质地要求	沙壤土最佳	沙壤土和壤土均佳	土壤过于黏重，宜机化后土壤通透性严重下降，根腐严重
地下水位要求	平地地下水位>1.2m	平地地下水位>1m	地下水位过高，易造成土壤湿度大，宜机化排水成本增加
园区面积要求	集中连片面积最好≥100亩	无明确要求	园区过度分散或面积过小，宜机化操作难度大且单位面积机械分摊成本较高

（四）其他要求

猕猴桃园必须远离化工厂、工业园区。农田灌溉水质量、土壤质量以及空气质量应符合国家制定的《无公害农产品　种植业产地环境条件》相关要求。园地应尽量靠近水源或具备地下水开发利用条件，以利于灌溉。另外，为便于农资和果品运输，应尽量选择交通便利区域建园。

二、园区规划设计

（一）小区规划

因地制宜将全园划分为若干条形作业区，大小因地形、地势、自然条件而异。

平地：宜按照南北向设长方形小区，以20亩左右为一单元，即长140m、宽90m左右。

缓坡地：宜按照与等高线呈30°左右夹角顺坡设置长方形小区，以15～20亩为一单元，每单元宽度和长度根据地形地貌而定，一般宽度不宜超过50m。

台地或浅丘区：宜坡改梯后沿等高线设置行向，台地宽度应尽量>9m，行长根据地形地貌而定。

（二）道路系统

一级干道：面积≥500亩的猕猴桃园，需规划有效路面宽度≥5m的园区一级干道，与园外主要交通干道连通，直达果园中央或穿越果园。园区干道需硬化处理（图5-3）。

图5-3　园区一级干道系统实景

二级支路：与园区干道连接，并贯穿果园各种植小区，确保农业机械和运输机械等能够顺利进入每一种植小区。支路有效路面宽度≥4m，在适当的地点设置间距≤50m的会车道。果园支路宜硬化处理，但在硬化前需将路基下降20cm后再硬化，使其路面与园区机耕道路高度保持一致。

三级机耕道：与园区干道、果园支路等连接，有效路面宽度≥3m，并在适当的地点设置间距≤30m的会车道。机耕道不宜硬化，但路基需与园区生产路或行间操作道保持相同高度。

四级生产路：与园区干道、果园支路或机耕道连接，并与定植行无障碍连通，有效路面宽度1.8～2.0m，需尽量平直或呈均匀缓坡，便于农业机械从果园作业出来后方便转向或换行。台地的生产路与等高线平行，一般位于每台地内侧。采取聚土起垄的园区行沟即为生产路，采取宽厢双行栽培的园区行间空地即为生产路。生产路不宜硬化。

道路系统以满足全园生产管理便捷为目的。在规划设计时应将机耕道路和生产路的路基下沉20cm左右，既利于排水也有利于机械通行。

以500亩园区为例测算，四级循环道路系统建设的成本约5 000元/亩（表5-2）。通常情况下，建园选址时若能尽量靠近当地主干道路，还可节省道路系统修建成本60%以上。因此，条件好的园区道路系统建设成本可控在2 000元/亩左右。

表5-2　500亩宜机化红肉猕猴桃园区四级道路系统构建成本估算

建设内容	占地面积（亩）	占地比例（%）	折算成效益损失（万元/年）	建造成本（万元）	备注
一级道路	7.5	1.5	7.5	156.3	宽度5m，总长约1 000m
二级道路	28.5	5.7	28.5	124.8	宽度4m，总长约4 800m
三级道路	32.0	6.4	32.0	5.0	宽度3m，总长约7 000m
四级道路	—	—	—	—	宽度2m，总长约66 700m
合计	68.0	13.5	68.0	286.1	—

（三）排灌系统

主要包括地面灌溉系统和地下排水蓄水系统，需达到日常雨水收集与暴雨季节强排目的，实现"暴雨不积水、大雨不冲土、中雨不出园、干旱不缺水"目标。

地面灌溉系统：建议采取管道灌溉方式，由专业灌溉公司设计和安装。主要包括首部加压系统、自动控制系统、田间输水管道系统、终端滴头或微喷头或微润管等。季节性干旱严重的区域不宜使用滴灌，坡地和台地需使用压力补偿喷头或滴件，园区吊喷的毛管长度需≥60cm、喷幅直径需≥4m，微润灌溉系统的微润出水管需水平埋于地下10cm左右深处，且要防止地下害虫啃食。

地下排水蓄水系统：主要包括主排水渠、支渠、沉沙函、蓄水池等。主排水沟需采用"沟边带路"或"沟盖板成路"方式建设，种植区的排水支渠可以"暗管"或"盖板"方式建设，方便机械设备无障碍通行（图5-4）。
一般情况下，园区主排水渠深度≥1.0m、宽度≥0.8m，比降为3‰~5‰，
每隔30~50m设置1个沉沙凼；支渠深度≥50cm、宽度≥40cm，比降为
2‰~3‰；园区最大蓄水池设置在最低点或汇水点，坡地和台地需结合地形
在山腰和山顶设置中小型蓄水池，蓄水池与主排水沟通过沉沙凼、引流导沟
等贯通，使排水沟中水流先引入蓄水池进行集蓄，一旦蓄水池水位超过警戒
线则需通过强排系统将蓄水池中水排到园区外大型沟渠或河流。

图5-4　园区暗排水系统建设实景

　　以500亩园区为例测算，地面肥水一体化系统的建设成本为1 200~3 500
元/亩，无沟化地下排水系统的总建设成本为6 000~9 700元/亩（表5-3）。
通常情况下，选择排水条件好的缓坡地建园，排水系统建设成本可节约90%
以上。

表5-3　500亩宜机化红肉猕猴桃园区不同灌溉系统构建成本估算

建设内容		建造单价 （元/亩）	500亩园区建造 成本（万元）	备注
地面灌 溉系统	吊喷系统	2 200	110	毛管长度需≥60cm、喷幅直径 需≥4m
	微润系统	3 500	175	埋于地下10cm左右
	喷带系统	1 200	60	喷幅直径≥4m

（续表）

建设内容		建造单价（元/亩）	500亩园区建造成本（万元）	备注
地下排水蓄水系统	沟盖板方式	6 000	300	承重2 000kg，可过小型机械
	暗沟排水方式	9 700	485	含管材、填充物、蓄水池等
合计		7 200～13 200	360～660	

（四）防风带（林）

如果在林间空地建园，可不建防风带，但在多风地区或园区风口必须设置防风带。好的防风带需要足够的高度、长度和透风性。防风带会改变风向，使向地风上升；风力的减小跟防风带高度成正比，风速会在距离防风带高度40倍的地方恢复原速。好的防风带可以提供8～10倍防护带高度水平距离的保护，比如10m高的防护带可以对80～100m的范围提供防风保护；防风带末端的风速会增加，正面迎风的防风带长度应该是高度的24倍。防风带应起到过滤风的作用而不是像墙壁一样阻挡风，40%～50%的透风率可以提供给果树最平稳的气流和最大的保护面积。

防风带主要有自然防风带和人工防风带。人工防风带（防风网）能即时提供保护，土地利用率高并且不会和猕猴桃争水争肥，但建造成本高且需要长期维修维护；自然防风带（防风林）应在建园时就考虑，选择维护少、垂直生长习性、对营养物质竞争较弱、6～8年能长到10～12m的没有共生病虫害的树种，如马尾松、水杉、天竺桂、柏木等。作者近年应用柱形桃建成的景观防风林不仅具有防风效果，还具有极强观赏性（图5-5）。

图5-5　四川省农业科学院园艺研究所猕猴桃基地景观型防风林

防风林需距猕猴桃植株5～6m，栽植株距为1.0～1.5m，主风口可栽植2行防风林，行距1m左右。林带与猕猴桃园之间可以挖一条断根沟，以防树根窜进果园争肥，也可将此沟作为排灌沟渠。

（五）品种选择

雌株：仅从口感上讲，'红阳'依然是当前红肉品种中最佳的。但除此之外，'东红''红实2号''金红1号''金红50号'等新一代红肉品种也具有很好发展前景。面积超过50亩的园区，建议选择2个以上红肉主栽品种。

雄株：生产上红肉品种雄株类型丰富，缺乏专用雄株品种。宜选择花粉量大、花期早于主栽品种2～3d、实际应用效果较好的2个中华系雄性品种作授粉树。陶木里（Tomuri）、马图阿（Matua）等美味系雄株生产的优质商品花粉也可用于红肉品种授粉，且具有明显增产效果，在四川红肉猕猴桃产区因花期低温阴雨天气较多，商品花粉用于补充性人工辅助授粉较为普遍，且运用效果较好。雌、雄配置时比例以（4～8）：1为宜，新西兰在黄肉品种上曾使用直公树模式，即雌、雄株比例1：1，雌株行与雄株行间隔配置，雄株花后重剪占地面积控制在10%以内。四川果农在此基础上改进并探索了2：1的直公树配置方式和8：1的沟边补充式配置方式（图5-6）。

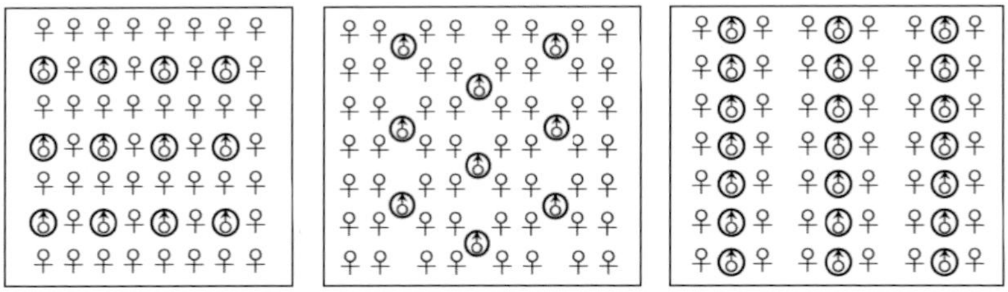

图5-6　红肉猕猴桃园雌、雄株配置参考方式

注：左图为最早且最常用方式、中图为苍溪县推广的雄株沟边补充式配置方式、右图为蒲江县直公树改进配置方式。

砧木：红肉品种常用砧木为'米良1号''金魁''布鲁诺'等品种实生苗。作者多年观测结果表明，对葨猕猴桃、大籽猕猴桃、四葨猕猴桃、狗枣猕猴桃以及葛枣猕猴桃中均有部分优株可作红肉猕猴桃砧木使用（图5-7、图5-8），冬、春季嫁接成活率可达70%以上，夏季嫁接成活率可达

90%以上，且可显著提高植株耐涝耐旱和抗根腐病能力。'红阳'嫁接在这类砧木上，在同样肥水管理水平下，植株生长量可比美味系砧木提高30%以上，产量可提高20%以上，考虑当前生产上抗性砧木鱼目混珠，实际应用时宜选择已通过鉴定（或认定、审定）的砧木品种（或优株）。

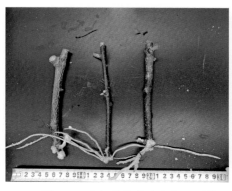

图5-7　大籽猕猴桃（左）和对萼猕猴桃（右）优株扦插生根效果

图5-8　对萼猕猴桃优株嫁接亲和力研究（左）及田间嫁接红阳生长情况（右）

（六）栽培密度

株行距依据品种长势、土壤质地及肥力、架式、栽培管理水平和机械化程度而定，四川红肉猕猴桃产区株行距通常为（1.5~2.5）m×（3~4）m，亩定植55~150株。'红阳'猕猴桃推荐株行距为（1.5~2）m×（3~3.5）m，'东红''红实2号'等长势稍旺品种推荐株行距为（2~2.5）m×（3.5~4）m。采用机械化管理的园区行距宜≥3.5m。

第二节 不同立地条件土壤改良技术

土壤改良目的主要是通过建园过程对土壤进行整理、改造，为猕猴桃根系生长提供优越环境条件，防止建园后再通过大量增施有机肥等进行土壤改良，增加无谓投入。此环节重点解决土壤酸碱度调节和土壤通透性、有机质含量提升问题。

一、改土前准备

（一）土壤检测

在建园前需邀请专业机构对园区内0～20cm土壤理化性质进行检测，指标包括土壤容重、土壤质地、pH值、有机质含量、全氮含量、全磷含量、全钾含量、全铁含量、碱解氮含量、有效磷含量、速效钾含量等。作者通过对四川红肉猕猴桃园区多年土壤检测结果，提出了主要理化指标适宜性目标值（表5-4），土壤改良前可根据土壤检测结果和土壤改良培肥目标，制定科学合理的改土方案。

表5-4 红肉猕猴桃园0～20cm土壤主要理化指标适宜性目标值

理化指标	目标值	理化指标	目标值	理化指标	目标值
土壤容重（g/cm³）	1.0～1.2	沙粒占比（%）	65～75	黏粒占比（%）	10～20
pH值	5.5～6.5	有机质含量（%）	3.5～5.0	全N含量（g/kg）	1.5～2.5
全P含量（g/kg）	1.0～1.5	全K含量（g/kg）	1.5～2.5	全Fe含量（mg/kg）	150～230
碱解N含量（mg/kg）	130～200	有效P含量（mg/kg）	100～150	速效K含量（mg/kg）	150～300

（二）投入品核算

以增施腐熟有机肥提升土壤有机质含量为例，如果0～20cm土壤有机质含量的基础值为1.5%、土壤容重为1.5g/cm³，要将耕层土壤有机质含量提升至3.5%，则每亩需一次性增施符合NY 525—2021标准的腐熟有机肥的量约为：$667m^2 \times 0.2m \times 1.5g/cm^3 \times（3.5\%-1.5\%）\div 45\%=8.89t$，式中，45%为增施的腐熟有机肥中有机质含量估算值。

以增施200目硫黄粉降低土壤pH值为例，如果0～20cm土壤pH值检测值为7.5且为沙壤土，要将耕层土壤pH值降低至6.5，则每亩需增施硫黄粉的量约为：$（7.5-6.5）\times 10 \times 0.367kg \times 667m^2 \div 100m^2=24.48kg$，式中，0.367kg为作者多年研究确定的每100m²耕层沙壤土降低0.1个pH值单位需施入的硫黄粉量，如果所要改良的土壤为壤土或黏壤土类型，该值应为1.222kg左右。

以增施20目生石灰提高土壤pH值为例，如果0～20cm土壤pH检测值为4.5、土壤容重为1.2g/cm³，要将耕层土壤pH值提高至6.5，则每亩需增施熟石灰的量约为：$[1.28 \times（6.5-4.5）-0.24] \times 1.2g/cm^3 \times 667m^2 \times 0.2m \div 2.440\ 2=152kg$，式中，$1.28 \times \triangle pH-0.24$为作者多年研究提出的熟石灰施用量模型，2.440 2为生石灰换算成熟石灰的系数。

以改良土壤通透性为例，如果所选园区0～20cm土壤容重≥1.3g/cm³、土壤黏粒占比≥30%，建议采取掺沙改土方式改变土壤物理性质，根据相关研究结果，掺沙比例以20%左右为宜，所用沙以中粗沙最好（粒径0.5～2.0mm）。每亩耕层改土用沙量约为：$1.3g/cm^3 \times 667m^2 \times 0.2m \times 20\% \div 1.5g/cm^3=23m^3$，式中1.5g/cm³为中粗沙容重估算值。

二、不同立地条件改土方法

（一）单行聚土起垄改土

适宜于犁底层厚度≥60cm或底层土壤较黏重的平地、缓坡地和大台地猕猴桃园。改土前清除园内地上附着物后进行土地平整，需要调形的地块先将0～20cm表土集中堆放，平整土地后将表土均匀覆回表面，再将核算好的腐熟有机肥、粗沙、生石灰或硫黄等全部均匀撒入园区土表，并用旋耕机翻耕20～30cm，使土壤与肥料充分混匀。整地后按栽植行距放线，然后用挖掘机将1/2行距范围内20cm厚表层土壤集中堆放到另外1/2行距内，形成高40～50cm、宽为1/2行距的瓦背形垄面（图5-9至图5-11）。

优点在于便于全园机械化操作，不易积水。犁底层的黏重贫瘠土壤未翻耕至园区表面，改土代价较小且垄上土壤疏松透气肥力高，更有利于早结丰产。将机械通行道路与猕猴桃根系生长空间相对分离，机械化管理过程对植株根际土壤的压实影响较小。植株成年后每年可通过在垄沟间作豆科类植物或撒施腐熟有机肥后翻耕松土，为根系生长提供更广阔生长空间。

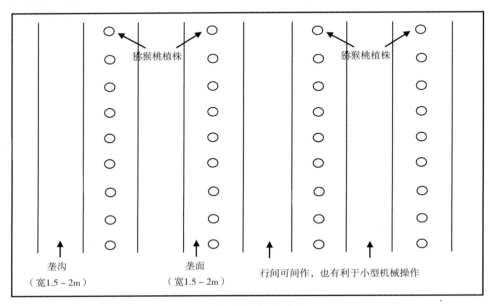

图5-9　单行聚土起垄改土平面

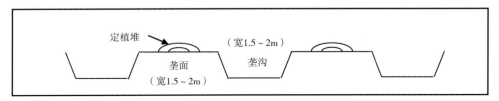

图5-10　单行聚土起垄改土横剖面

图5-11　单行聚土起垄改土实景

（二）双行深沟高厢改土

适宜于犁底层较薄或底层土壤较疏松透气的平地、缓坡地和大台地猕猴桃园。改土前清除园内地上附着物后全园均匀撒施腐熟有机肥1～2t，用大型挖掘机进行全园翻耕，深度≥80cm，同时平整土地，再按照核算好的腐熟有机肥、粗沙、生石灰或硫黄等全部均匀撒入园区土表，并用旋耕机翻耕20～30cm，使土壤与肥料充分混匀。整地后按栽植行距放线，然后用挖掘机在双倍行距位置挖深60cm、宽60cm厢沟，挖出的泥土堆放至厢面定植带内，并将两行中间宽2～3m、深10cm的表土也堆放至两边定植带，在宽厢上形成两条高20～30cm、宽1.5～2m的瓦背形垄面（图5-12至图5-14）。

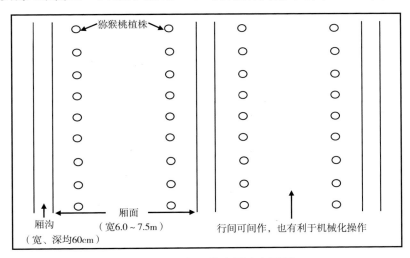

图5-12 双行深沟高厢改土平面

优点在于较传统单行深沟高厢改土更有利于机械通行，不易积水，且将机械通行道路与猕猴桃根系生长空间相对分离，机械化管理过程对植株根际土壤的压实影响较小。

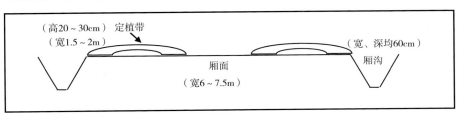

图5-13 双行深沟高厢改土横剖面

图5-14 传统的单行深沟高厢改土（左）与双行深沟高厢改土（右）实景

（三）单株聚土起堆改土

适宜于零散地块、排水条件非常好的坡地以及无法聚土起垄的窄台地。改土时，要重视水土保持，根据具体地形、地貌特点进行坡改梯、斜改平、薄改厚。按照实际立地条件确定定植点后，挖深60～80cm、宽100～150cm定植穴，挖起的表土和底土分开放置，先回填挖起的表土，同时加入质量符合NY/T 525—2021要求的腐熟有机肥15～20kg/穴+过磷酸钙或钙镁磷肥1～2kg/穴，肥和土混合均匀，再回填周边表土，形成高30～40cm、底部直径100～150cm、顶部直径60～80cm的定植堆，再将挖出的底土分散在定植堆周围（图5-15、图5-16）。

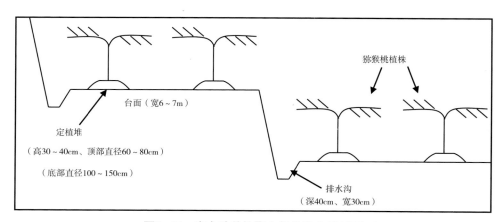

图5-15 窄台地单株聚土起堆改土横剖面

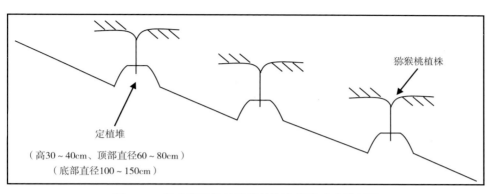

（高30~40cm、顶部直径60~80cm）

（底部直径100~150cm）

图5-16　排水通畅的坡地单株聚土起堆改土横剖面

第三节　棚架搭建技术

猕猴桃为藤本果树，需要搭建棚架才能支撑其正常生长并维持一定树形结构。稳固的棚架有利于后期的丰产，平整的架面可使叶片和果实温光水气热条件一致，从而产生品质一致的优质果。生产实践中发现，各地因立架的取材不一、架式多样、技术零乱、造型各异等原因，难以充分发挥猕猴桃的强势极性。四川个别产区因棚架结构问题造成猕猴桃丰产期架面垮塌、树干折断的现象时有发生（图5-17），所以棚架搭建一定要做到稳固、平整、高效。

图5-17　生产上因棚架质量问题造成投产后架面垮塌和树干折断场景

生产上广泛使用的猕猴桃棚架类型有两种，即水平棚架和"T"形架，红肉猕猴桃种植时可根据地形地貌进行架型选择，平地、缓坡地建议选用大水平棚架，坡地及台地建议选用小水平棚架或"T"形架。棚架的骨架结构以坚固的水泥柱为主，横截面大小为（10～12）cm×（10～12）cm，内含4根0.4cm粗的冷拔丝（最细钢筋），经久耐用。近年来也有用热镀锌钢管（圆管或方管）作立柱、横梁搭建猕猴桃棚架的，且将猕猴桃藤蔓棚架与避雨设施栽培棚架结合，美观度更高但成本会增加1倍以上。

一、水平棚架

平地按照每30～50亩为一小区搭建大水平棚架，台地以每个台地为单元搭建小水平棚架。立柱（图5-18）栽植密度为（3～5）m×（4～6）m，全长2.6～2.8m，地上部分长1.9～2.0m，地下部分长0.7～0.8m。横行立柱用7根1.2mm热镀锌钢丝组合形成的钢绞线串联，竖行立柱用直径2.8mm热镀锌钢丝串联（最好略低于钢绞线10cm），并平行于竖行每隔40～50cm架设1道直径2.05mm热镀锌钢丝。为稳固整个棚架，保持架面水平，提高负载能力，边上支柱横截面可提高至（20～30）cm×（20～30）cm，并向外倾斜60°～70°（或直立，但必须用同等大小和长度的立柱倾斜45°～60°向外支撑），每竖行末端立柱外1.5～2.0m处埋设一地锚拉线，地锚体积不小于0.06m³（图5-19），埋置深度100cm以上。建成后的水平棚架应达到负载3t以上产量的能力（图5-20至图5-22）。

图5-18 水泥立柱制作场景（左）及成品（右）

图5-19　制作好的地锚

注：左图是带有拉线杆的地锚，深埋后可随时与棚架钢丝串联；右图是带有拉线耳的地
　　锚，在深埋时需要先与棚架钢丝串联后再回填土，棚架检修时不太方便，但适宜批量
　　生产和运输。

图5-20　平地红肉猕猴桃水平棚架应用实景

图5-21　缓坡地红肉猕猴桃水平棚架应用实景

图5-22　使用热镀锌钢管搭建的水平棚架应用实景

二、"T"形架

立柱栽植密度、深度和高度均与水平棚架一致。但立柱顶部需加一横梁水泥柱，横截面大小为（8~10）cm×（10~12）cm、长2.0~2.4m，与立柱构成架形象英文字母"T"的小支架（图5-23），横梁也可用边宽63mm、边厚6mm的角钢代替，在横梁上顺竖行间隔50~60cm架设1道直径2.05mm热镀锌钢丝，每行末端可采取门形架，门形架外1.5~2.0m处埋设一地锚拉线，地锚体积及埋置深度与水平棚架一致。如果在窄台地沿等高线搭建棚架，也可在"T"形架基础上改造成门形架（图5-24左），即在台地内侧和外侧分别树立水泥立柱，两立柱间隔3~6m，立柱顶端用热镀锌方管、水泥柱或角钢做成横梁，顺行立柱用直径2.8mm热镀锌钢丝串联，并每隔50~60cm架设1道直径2.05mm热镀锌钢丝（图5-24右）。

图5-23　坡地"T"形架应用实景

图5-24　窄台地门形架（左）和大台地"T"形架应用实景

第四节　苗木定植技术

四川红肉猕猴桃产业发展历程中，苗木使用上发生过几次重大变化。1999—2006年，也就是红肉猕猴桃产业发展早期，主要使用的是红肉品种的裸根嫁接苗栽植，砧木为美味猕猴桃实生苗。该方式大面积应用过程中发现，苗子缓苗期较长、成活后长势较差。2007—2015年，也就是四川红肉猕猴桃产业飞速发展期，受5.12地震灾后产业快速恢复用苗量大和大量工商资本涌入猕猴桃行业的影响，裸根嫁接苗一度供应紧张，生产上开始大面积使用美味猕猴桃裸根实生苗直接定植，并在当年夏季或冬季再嫁接红肉品种。该方法在嫁接成活率有保障的前提下，苗木后期生长快、投产早，并在我国南方产区得到大面积应用。2016年及以后，随着技术发展，营养袋嫁接苗和抗性砧木培育的裸根嫁接苗在四川开始逐步应用，实现了苗木周年定植，为老园改土重建提供了快速投产可能。

一、苗木准备

（一）苗木质量要求

建园所用苗木必须达到第四章中三级以上苗木标准。

（二）苗木处理

没有解除嫁接膜的嫁接苗，需在栽植前用刀片将塑料条纵向划开，并完全解除嫁接塑料条。嫁接苗在嫁接部位以上选留一个壮枝，其余疏除，并对其保留的壮枝剪留2～3个饱满芽；实生苗直接剪留2～3个饱满芽（图5-25），营养袋嫁接苗可根据定植当地天气情况少剪或不剪。剪口处最好用伤口保或水性油漆进行封口保护。

裸根苗需先剪去病虫根、细弱根、破损根等，再选留3个健壮主根剪去大部分须根后回缩至15～20cm长处，栽前先用泥浆蘸根或浸根液浸泡，泥浆或浸根液中同时配入允许使用的低毒杀虫剂、杀菌剂和生根粉（图5-26）。如果秋冬季定植时苗木叶面还未脱落，需剪除所有叶片且保留叶柄2～3cm长。

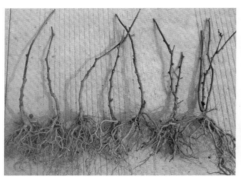

图5-25　裸根实生苗栽植前修剪实景

图5-26　裸根嫁接栽植前修剪及根系浸泡实景

二、苗木定植

（一）定植时期

裸根实生苗和裸根嫁接苗的栽植时间多选择在落叶后至萌芽前，也可在秋季日均温降至15℃左右时进行定植。营养袋嫁接苗可周年定植，但最好避开夏季高温期或其他不良天气。

（二）定植方法

苗木根系所接触到的土壤务必要细且松散，定植的苗木深度要合适，为了将来果树生长得更好，所有的根颈部都要在地表上。种得太浅，导致主根暴露过多，特别是在高温干旱季节，幼树发育不好且易死亡；种得太深，特别是在排水系统不好的情况下，根颈部易腐烂而导致整株死亡。

栽植时，先按照规划测出定植点。营养袋苗定植前需挖长宽均30～40cm、深15～20cm的定植穴，并在取袋后观察外围根系情况，如果根系抱团明显（图5-27），需用枝剪对外围根系进行适当修剪，以利于栽植后根系能快速向外拓展生长，修剪时尽量不要使根际营养土松散，修剪后直接将苗放入穴中，苗木在穴内的放置深度以穴内土壤充分下沉后，根颈部略高于地面或与地面大致持平。裸根苗在定植点处挖一深15cm、长20cm垂直剖面，根颈部与地表持平、根系分散紧贴剖面，回填土同时用手斜插下部土，让土和根系贴实。

定植后立即浇足定根水，定根水中可加入适量生根剂或生物菌肥以促进生根，提高成活率；裸根苗浇定根水时可向上轻提苗木以舒展根系。定根水不能使用粪水，以防伤根。

图5-27　根系明显抱团的营养袋苗

三、定植后管理

（一）树盘覆盖

为了保证幼树健康生长，避免干旱（图5-28左）和草害，定植后树盘或树行带采用地膜、地布或有机物料覆盖非常有必要。地膜覆盖时不能潦草了事，最好选用厚度≥0.04mm、长宽≥1.0m的黑色薄膜，薄膜中心位置预留10cm×10cm大小空隙，防止薄膜与苗木根颈部直接接触，盖好后再用一小把细土将根颈部薄膜开口封住（图5-29）。也可以用宽1.0m的园艺地布在左右两侧进行树行带覆盖（图5-30左）。有机物料覆盖可选用谷壳、中药渣、稻草（图5-30右）、松针等，厚度≥10cm、覆盖直径≥1.0m。覆盖后根据天气情况和土壤湿度，及时补充水分。

图5-28　苗木栽植后不覆盖造成根际土壤旱后开裂（左）和覆盖方法不当（右）

图5-29　黑色地膜覆盖的标准操作方法

图5-30　定植带园艺地布全覆盖（左）和稻草全覆盖（右）

（二）施肥管理

猕猴桃苗定植后过早施肥不仅对新根生长不利，还易造成肥害影响幼苗生长。苗木成活后第1次追肥时间应在新梢长至20cm以上时进行，结合浇水每次每株施高氮型水溶肥或尿素25g，也可施用稀释10倍后的腐熟人、畜粪水。

（三）其他管理

新建红肉猕猴桃园应在苗木定植后2个月内完成棚架搭建，以利于苗木树形培养。夏季高温干旱严重年份，可采取棚架遮阴方式为苗木生长提供有利环境（图5-31）。猕猴桃苗成活后，要及时选留萌芽并牵引保留枝蔓，如果树盘覆盖的黑色地膜，可在5月底至6月初及时去除薄膜，以利于肥水管控，促进苗木生长。夏秋季杂草生长快，应及时锄去树盘杂草，防止争肥争水，但严禁使用除草剂。

图5-31　幼苗期高温干旱季节遮阴管理

第六章 红肉猕猴桃整形修剪技术

猕猴桃的正常经济结果寿命在50年以上，但红肉猕猴桃长势稍弱，种植过程中果农对植物生长调节剂的依赖度大，造成植株早衰现象明显，因此红肉猕猴桃的树形维持较绿肉和黄肉品种难度要大，对整形修剪技术的要求更高。而良好的整形修剪方式不仅可以快速形成丰产树体骨架，还能让枝蔓在架面均匀合理分布，高效利用空间和光能，调节营养生长和生殖生长的矛盾，便于田间作业，尽可能地发挥植株产能，实现早结、丰产、优质和持续稳产目标。

目前生产上红肉猕猴桃推崇的树形结构仍以单主干双主蔓多侧枝为主，但随着技术发展，高架牵引技术在红肉猕猴桃上得到一定规模应用，多主干树形也在溃疡病为害园区得到普遍认可，本章总结了当前红肉猕猴桃整形修剪中存在的主要问题，重点阐述了不同树形结构类型、差异及重点树形的整形修剪技术要点，供广大种植者根据园区实际进行参考应用。

第一节 当前树形培养中存在的主要问题

2008年以来，我国红肉猕猴桃新建园普遍采取"先定植实生苗、1年后再嫁接上架"方式进行树形培养，这对整形修剪技术提出了较高要求，广大种植户在实际操作过程中常因某个环节做得不到位，造成目标树形多年无法形成，植株投产迟、产量低。通过对四川红肉猕猴桃产区多年调查发现，当前整形修剪过程中存在的主要问题包括以下几个方面。

一、实生苗定植当年放任生长

很多园区建园时未及时搭建棚架，实生苗定植后放任其生长（图6-1），不进行扶干、抹芽、摘心等任何农事操作，造成冬季或第2年春季多头嫁接（图6-2），成活率低，植株基部形成大面积修剪创伤（图6-3），后期每年抹芽工作量大，溃疡病感染风险大。

图6-1　实生苗定植当年未及时扶干，造成植株匍匐生长

图6-2　实生苗定植当年未及时抹芽定干，造成冬、春季多头嫁接

图6-3　实生苗定植当年未及时抹芽定干，造成植株基部大面积修剪创伤

二、嫁接当年抹芽摘心较随意

红肉猕猴桃嫁接当年是树体骨架结构形成的关键时期，生产中果农对该时期目标树形定位不准确，抹芽、摘心、绑蔓等整形修剪工作较为随意，造成嫁接成活率低、基部萌蘖多（图6-4）、主干纤细、两主蔓充实度差（图6-5），而两主蔓分杈处抽发的侧枝长势旺盛（图6-6），单干双蔓的树体骨架结构无法快速形成。

图6-4 嫁接后基部萌芽未及时抹除造成营养消耗且影响接芽成活和生长

图6-5 主干过于纤细或缠绕生长造成树体头重脚轻

图6-6 两主蔓过早压平后从两主蔓基部抽发强旺侧枝削弱主蔓生长

三、初投产后忽视夏季修剪

红肉猕猴桃上架后第2年通常都能试花投产，但随着开花结果，果农的管理重心常常会转向花和果实，从而忽视生长季节树形骨架培养与枝蔓管理。因此，生产上常常可见初投产园区红肉猕猴桃植株主干萌芽多、两主蔓增粗缓慢、第2年优质结果母蔓数量少、个别主蔓萎缩等突出问题（图6-7、图6-8）。

图6-7　初投产园忽视夏季修剪造成主干萌芽多树形结构紊乱

图6-8　初投产园忽视夏季修剪造成结果母蔓数量少（左）和主蔓萎缩（右）

四、成年树冬季修剪普遍过重

成年树冬季修剪主要目的是选留充足优质结果母蔓，使架面枝蔓合理布局，并尽可能提高架面利用率，为第2年丰产优质作准备。但在生产上90%以上红肉猕猴桃园冬季修剪后架面利用率不足70%，部分园区甚至常年低于50%（图6-9）。究其原因主要有两方面：一是肥水管理不到位，结果母蔓生长质量较差，无法满足冬季短截后达到1/2行距长度的要求；二是冬季修剪时枝蔓普遍短截过重、旺枝上二次枝利用不充分，造成恶性循环。这与国外投产园90%以上架面利用率差距极大（图6-10）。

图6-9　国内红肉猕猴桃园常年架面利用率不足70%（左）和50%（右）

图6-10　国外猕猴桃园常年架面利用率90%以上实景

第二节　主要树形结构类型及参数

　　四川红肉猕猴桃种植时间较国内其他产区长，在树形结构培养上也做了大量探索性工作。目前，生产上常见的树形结构类型主要有3种：一是"单主干双主蔓八侧枝"的标准树形，这类树形结构在成都市蒲江县、都江堰市、苍溪县和邛崃市红肉园区常见；二是"单主干无主蔓多侧枝"树形，这类树形结构在都江堰市海沃德老园区、苍溪县密植型红肉园区和全省坡地红肉园区常见；三是"多主干"树形，这类树形结构在溃疡病发生严重的红肉园区和管理粗放的新园区常见。

一、单主干双主蔓八侧枝树形

在四川猕猴桃产区，广大种植户习惯将"单主干双主蔓八侧枝树形"称为"1216树形"（图6-11）。即1个直立粗壮主干（嫁接口离地面≥20cm、愈合良好）、2个强壮平直主蔓（长度≥1/2株距，分杈处粗度≥2/3干粗）、16个左右优良侧枝或结果母枝（长度≥1/2行距，基部粗度1.2～1.8cm）。该树形结构对定植后1～4年的整形修剪技术要求较高，一旦树体骨架形成，结构较稳定、树冠各部位光照较一致、通风透光条件好、修剪和花果管理较方便，所生产的果品一致性高，也是最适宜在丰产期开展牵引栽培的树形结构，非常适宜精细化管理的小果园和标准化生产的规模化园区使用。

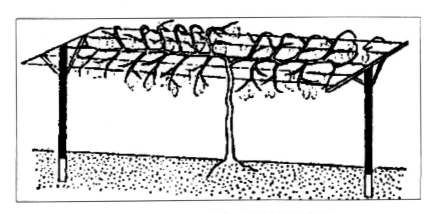

图6-11　单主干双主蔓八侧枝树形示意图

二、单主干无主蔓多侧枝树形

该树形结构与"单主干双主蔓八侧枝树形"最大的区别在于没有明显的主蔓，而是由主干上直接抽发的若干（通常8～12个）结果母蔓直接上架形成的"伞形"或"扇形"树形结构（图6-12）。该树形在株距1.5m左右的红肉猕猴桃密植园区和采取水平棚架方式建设的坡地园区较为适用。因为密植园区主蔓生长空间有限（长度不足0.8m），要维持好主蔓生长势较为困难，"伞形"树形是最佳选择；而采用水平棚架方式的坡地园区，坡上坡下两主蔓生长极性不一致，较难维持双蔓结构，最终常演变成无主蔓的"扇形"树形，或单主蔓多侧枝树形。

图6-12 "伞形"（左）和"扇形"（右）树形示意图

三、多主干树形

该树形结构是在主干主蔓受溃疡病感染并锯除后，为快速恢复树冠采取的临时树形，即在嫁接口以上60cm范围内培养2根以上枝蔓直接上架结果或抽发二次枝后结果（图6-13）。该树形可实现主干锯除后第2年恢复60%以上产量，防止根系萎缩，对树龄6年生以上且溃疡病高发的成年红肉猕猴桃园来说，该树形还能降低溃疡病复发造成死树的风险。如果后期溃疡病得到有效控制（如采取避雨设施栽培后），可采取"永久主干（1~2个）+临时主干（2~3个）"分类培养方式，逐年减少主干数量，使树形逐步恢复至"单主干双主蔓八侧枝"树形。

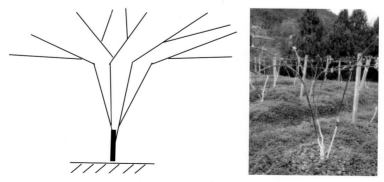

图6-13 "多主干"树形示意图（左）和田间实景（右）

第三节　不同树形整形修剪方法

不同树形结构在不同树龄阶段的整形修剪方式虽然有所差异，但主要表现在树形培养早期，一旦树体骨架成型并稳定后，整形修剪的目的就变得较为简单：一是及时疏除冗余枝蔓，保持树体通风透光条件；二是培养和选留优良结果母蔓，并在冬季进行适度短截，使其均匀分布至架面，为第2年丰产优质提供保障。考虑到"单主干双主蔓八侧枝树形"与"单主干无主蔓多侧枝树形"在早期培养上有很多相似之处，本节重点阐述"单主干双主蔓八侧枝树形"和"多主干树形"的整形修剪方法。

一、单主干双主蔓八侧枝树形整形修剪方法

单主干树形整形修剪方法主要以"先栽实生苗再嫁接"方式为例，分年度描述整形修剪目标及操作要点。

（一）实生苗定植当年

1. 整形修剪目标

培养庞大根系和粗壮主干，为嫁接作准备（图6-14）。到冬季落叶时离地面25cm范围为单主干，地径≥1.5cm，二次枝≥6枝，分枝处直径≥0.6cm。

图6-14　实生苗定植当年的目标树形

2. 树形培养方法

1次扶蔓+3次抹芽+3次摘心+适时嫁接。改放任生长为"一主干多侧枝"培养，使第2年的嫁接工效提高30%、成活率提高20%。

（1）1次扶蔓。苗木定植后在离苗子20cm左右位置立一直径2~3cm、长2m竹竿（图6-15），与棚架钢丝交叉固定，待选留的一次枝蔓达到40cm长时及时将其以活结方式绑缚至竹竿上，一定要防止枝蔓直接在竹竿上缠绕生长。

图6-15　实生苗定植当年及时立竿扶蔓（左）和不扶蔓倒伏状（右）

（2）3次抹芽（图6-16）。

①春季萌芽后待一次枝蔓长至15cm时选留1个壮芽，抹除多余萌芽。

②对选留枝蔓进行摘心后，二次枝蔓抽发过程中，需及时抹除主干上离地面25cm范围内所有萌芽。

③对二次枝蔓摘心后，三次枝蔓抽发过程中，需继续抹除主干上离地面25cm范围内所有萌芽。

图6-16　第1次（左）、第2次（中）和第3次（右）抹芽时期

（3）3次摘心（图6-17）。

①春季萌芽后待选留的一次枝蔓长至60cm时进行轻度摘心，促进主干增粗生长。

②待二次枝蔓长至40cm时对所有二次枝蔓保留3～4片大叶进行重摘心，促二次枝蔓老熟。

③当三次枝蔓长至100cm时对所有三次枝蔓进行轻度摘心，促枝叶停长老熟，也可以将抽发的三次枝蔓直接绑缚上架，待其生长缓和后再进行摘心或捏尖。

图6-17　第1次（左）、第2次（中）和第3次（右）摘心时期

（4）适时嫁接。如果肥水管理得当、实生苗生长充实，可在定植当年的夏季，即6月上中旬进行去顶留叶嫁接。但四川红肉猕猴桃产区实生苗定植当年的嫁接时间以冬季为主，即定植当年的12月至第2年1月，过晚嫁接剪口伤流严重会影响成活率。嫁接时以单芽切接为宜，嫁接高度不低于距地面10cm（图6-18）。嫁接后为防止接芽受冻，可用双层果袋对嫁接部位进行套袋防护，待春季接芽萌动时及时去袋。

采取牵引栽培的园区，实生苗定植当年即可进行枝蔓牵引，其具体方式为：待选留的一次枝蔓长至40cm高时，进行直立牵引，60cm高时摘心，抹除离地面20cm范围内萌芽，二次枝蔓40cm长时摘心，三次枝蔓直接牵引上架，培育大量枝叶，养根促主干粗壮充实，为嫁接作准备（图6-19）。

选取嫁接部位　　　　　单芽切接嫁接

图6-18　实生苗定植当年冬季采取单芽切接方式进行嫁接

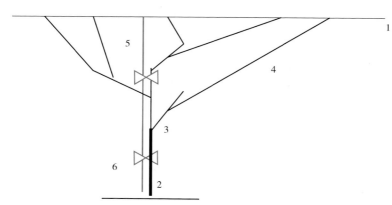

1. 架面钢丝

2. 实生苗主干

3. 实生苗二次枝

4. 实生苗三次枝

5. 牵引绳

6. 牵引绑傅绳结

图6-19　实生苗定植第1年牵引示意图

（二）田间嫁接后第1年

1. 整形修剪目标

培养粗壮直立永久主干，形成一主干双主蔓基本骨架，肥水条件保障到位的可实现一主干双主蔓六侧枝树形，即"126树形"，为第2年投产作准备（图6-20）。到冬季落叶时植株地径≥2.5cm，两主蔓上架率≥95%，分枝处直径≥1.5cm，形成了侧枝的，侧枝分枝处直径≥0.6cm、长度≥180cm，均匀分布于两主蔓两侧。

图6-20　嫁接后通过1年培养形成的单干双蔓（左）或126树形（右）

2.具体培养方法

3次抹芽+3次摘心+及时绑蔓+冬季短截修剪。

（1）3次抹芽（图6-21）。

①嫁接芽生长至15cm时及时抹除砧木基部萌芽，并去除接芽基部全部花蕾和其他萌芽，促使接芽快速生长形成树体主干。在此过程中，如果发现嫁接芽萌发不正常（俗称"僵芽"），可选留一个长势中庸的实生芽作"提水枝"，并对其保留2片叶摘心，同时用0.1%氯吡脲10～20倍液喷施嫁接芽，刺激其萌发，以提高嫁接成活率（图6-22）。

②培养的主干在棚架下20～30cm处摘心后，需要及时抹除砧木的二次萌芽和主干上多余萌芽，只选留摘心位置2个长势强旺的萌芽培养成主蔓。

③两主蔓摘心后，需要及时抹除主蔓分枝处强旺萌芽，防止其削弱主蔓生长势，促使主蔓中部萌发中庸侧枝，为第2年结果作准备。

图6-21　嫁接成活后第1次（左）、第2次（中）和第3次（右）抹芽时期

图6-22　嫁接后长势不好的"僵芽"氯吡脲处理（左）、成活后选留"提水枝"（中）、
未成活的选留"预备枝"（右）

（2）3次摘心（图6-23）。

①当培养的主干生长势明显转弱时，可对其重摘心，刺激其抽发粗壮二次枝再上架。

②当主干长度超出棚架高度40cm左右时，在棚架以下20~30cm处进行重摘心，促剪口以下抽发2个粗壮枝蔓培养成两主蔓（图6-24）。

③当两主蔓上架后长度>1/2株距时，可对其进行轻度摘心，促其老熟和增粗生长。

图6-23　嫁接成活后第1次（左）、第2次（中）和第3次（右）摘心时期

（3）及时绑蔓。当嫁接芽长度>30cm时，需及时将其绑扶到竹竿或

牵引绳上，一方面防止风折断，另一方面可保持其顶端优势，促其增粗增长（图6-25）。当两主蔓长度＞120cm时，需及时将其绑扶到行向中心钢丝上，但在绑扶时需保持两主蔓向上生长势（即使两主蔓呈"V"形向上或斜向上），防止过度压平后刺激分枝处芽眼抽发旺枝削弱主蔓长势。两主蔓绑扶后同时可解除基部嫁接薄膜（一般在7—8月），防止其勒紧后阻碍主干生长（图6-26）。

图6-24　第2次摘心后从剪口附近选留两芽培养成主蔓

图6-25　嫁接当年及时绑蔓的时期及方法

图6-26　嫁接当年需在伤口愈合好后及时解除嫁接薄膜

（4）冬季短截修剪。分枝处直径在1.2cm以上的长侧蔓短截至粗度0.6cm处，并根据品种生长势强弱等距离摆布在架面上（图6-27）。强旺品种如'东红'同侧枝间距保持35～40cm、异侧枝间距15～20cm；中庸及弱势品种如'红阳'同侧枝间距保持30～35cm、异侧枝间距15～18cm；其余弱枝全部重短截，仅保留2～3个芽。所有枝条要水平绑缚，尽量保持在一个平面，先端下垂的枝条要用绳圈牵引拉平。

图6-27　嫁接当年冬季短截修剪前后对比

采取牵引栽培的园区，嫁接当年的牵引目标是培养两个粗壮主蔓，具体方法为：嫁接芽长至超出架面30cm高时，在架面以下30cm左右摘心，选留2个萌芽培养成主蔓，主蔓40cm长时，在两株树中间立4.3m竹竿进行30°～35°斜牵引两主蔓（图6-28），冬季修剪时将两蔓交叉固定在钢丝上，形成一干两蔓，超出1/2株距部分进行90°弯折，平铺绑缚在架面上，作为第2年的挂果母枝，并将多余部分剪去（图6-29）。

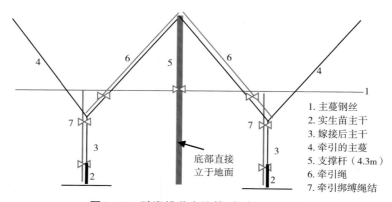

1. 主蔓钢丝
2. 实生苗主干
3. 嫁接后主干
4. 牵引的主蔓
5. 支撑杆（4.3m）
6. 牵引绳
7. 牵引绑缚绳结

底部直接立于地面

图6-28　猕猴桃苗定植第2年牵引示意图

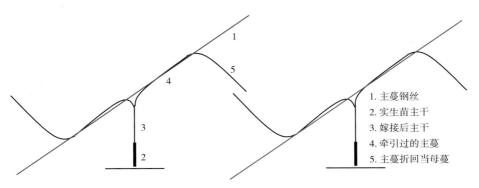

1. 主蔓钢丝
2. 实生苗主干
3. 嫁接后主干
4. 牵引过的主蔓
5. 主蔓折回当母蔓

图6-29　猕猴桃苗定植第2年冬季修剪后枝蔓在架面上示意图

（三）田间嫁接后第2年

1. 整形修剪目标

形成一主干双主蔓永久骨架，肥水条件保障到位的可直接实现一主干两主蔓十六侧枝树形，即"1216树形"（图6-30）。到冬季落叶时植株地径≥4.5cm，嫁接口以上2cm处直径≥3.5cm，两主蔓分枝处直径≥2.3cm，更新枝≥14枝，分枝处直径≥1.5cm，每株当年平均挂果60个左右，平均单果重≥90g，亩产量≥400kg。

图6-30　嫁接后第2年目标树形结构

2. 具体培养方法

3次生长季节修剪+1次冬季修剪。

（1）3次生长季节修剪

①春季抹芽：春季萌芽生长至3cm左右时，及时抹除主干上不必要芽和主蔓、侧蔓上萌发的位置不当或过密芽或丛生芽（图6-31、图6-32）；如

果一个节位上有多个芽，只选留1个壮芽（图6-33）。

②早夏控旺：开花前后1周左右对结果枝蔓采取捏尖（捏破顶端生长点）处理（图6-34），一般在新梢长度15～20cm时进行，自封顶枝和更新枝不处理，内膛抽发的直立旺枝可保留3～5个芽短截，促发二次枝蔓作为第2年结果母蔓；坐果后1个月内可对长势强旺的结果枝蔓采取零芽修剪，中庸结果枝蔓保留7～8片叶摘心。

③早秋疏枝：采果前15d疏除内膛部分徒长枝、过密枝和外围衰弱枝，改善树体通风透光条件。

图6-31　春季及时抹除结果母蔓上的弱芽（左）和背下芽（右）

图6-32　春季及时抹除侧蔓基部过密芽

图6-33　春季及时抹除枝蔓上的丛生芽

图6-34　捏尖器（左、中）及夏季开花前后对结果枝蔓捏尖后效果（右）

（2）1次冬季修剪。以四川盆地产区为例，日均温低于13℃时（11月中下旬）即可进行冬季修剪，一直持续至第2年1月中下旬，2月初进入伤流期后不宜再冬剪。当年冬季修剪主要解决两个问题，一是维持和保护好两主蔓生长势，二是选留数量合适且充实的侧蔓，并保留足够长。具体修剪方法为：对基部有明显更新枝的枝蔓回缩至更新枝萌发处，并对更新枝进行短截，剪口直径应≥0.6cm；对直径<0.8cm且长势较弱的侧蔓保留2~3个芽短截；冬季修剪完成后用绑枝机或绑枝卡将蔓固定到架面上（图6-35），主干、主蔓上的修剪伤口可在修剪后及时涂抹封口漆或伤口保护剂。

图6-35　冬季修剪后枝蔓绑缚后情景

采取牵引栽培的园区，嫁接第2年的牵引目标是培养优质侧蔓，为第2年丰产作准备（图6-36、图6-37），具体方法为：萌芽前，在架面横梁钢丝中间竖立一根3.5~4m长的竹竿（直径3~5cm），顶端（细口一端）系32根1mm粗的牵引绳（绳要求弹性变形量小，不打滑），单边各16根（通过4个牵引装置穿过主蔓钢丝后再绑缚于竹竿顶端），竿立好后，将牵引绳逐根剪断，并按间隔25~30cm系在主蔓钢丝上；萌芽后，间隔20~30cm保留主蔓上的萌芽，并在其40cm左右长时逆时针缠绕在临近的牵引绳上，使其顺牵引绳生长（图6-38、图6-39）。其余芽全部在开花前后7d左右进行捏尖处理。

图6-36 猕猴桃园常用牵引支架

图6-37 红肉猕猴桃园牵引效果

说明：支撑杆长度3.5~4.0m（与行距等同），直径3~5cm，直接立于架面的钢丝上。顶端系32根1mm粗细绳，每边16根。此图只画了一边的16根。

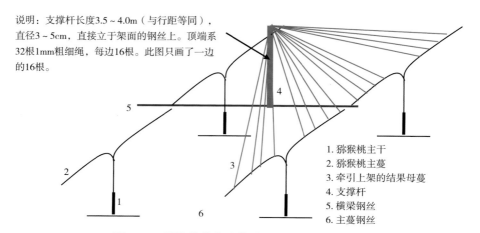

1.猕猴桃主干
2.猕猴桃主蔓
3.牵引上架的结果母蔓
4.支撑杆
5.横梁钢丝
6.主蔓钢丝

图6-38 猕猴桃苗定植第3年及以后牵引示意图

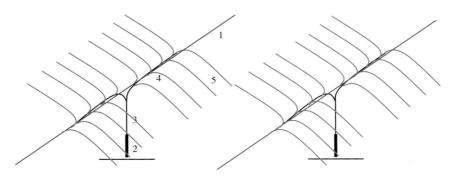

1. 主蔓钢丝
2. 实生苗主干
3. 嫁接后主干
4. 主蔓
5. 牵引后绑缚于架面的结果母蔓

图6-39　猕猴桃苗定植第3年冬季修剪后枝蔓在架面示意图

（四）田间嫁接后第3年及丰产期

1. 整形修剪目标

维持"1216树形"结构，保持生殖生长与营养生长平衡。到冬季落叶时植株地径和两主蔓每年增粗0.8～1.0cm，每年培养并保留更新枝≥16枝，分枝处直径≥1.2cm，每株平均挂果200～300个，平均单果重≥90g，亩产量≥1 500kg（图6-40）。

图6-40　红肉猕猴桃园"1216树形"维持目标（左）及结果状（右）

2. 具体培养方法

生长季节修剪与冬季修剪并重，肥水保障到位。

（1）生长季节修剪。花前尽早对除更新枝外的所有结果枝和营养枝进行捏尖处理，对徒长性更新枝重短截促发中庸或中庸偏强的优质结果母枝（图6-41）；谢花坐果后对强旺结果枝进行零芽修剪（图6-42左）、对更新枝进行捏尖或摘心处理；花前没及时处理的结果枝在谢花坐果后及时对结果枝留10片叶摘心或短截（图6-42右）。全年及时抹除主干上所有萌芽和主蔓、侧蔓上位置不当芽或过密芽。

图6-41　夏季对内膛旺枝进行重短截促其抽发二次枝蔓缓和生长势

图6-42　夏季对长势强旺的结果枝进行零芽修剪或保留7~8片叶摘心

（2）冬季修剪。原则是维持并完善树体结构，选择良好的结果母蔓，等距离摆布枝条，充分占领空间尽量全覆盖，充分发挥植株的生产能力。良好的结果母蔓是芽体饱满、节间距短的中庸枝，强旺枝条基部1m范围内芽不饱满、萌芽率低、结果枝率低，但其中上部是很好的结果部位，在枝条不足时可合理利用，发育良好的二次枝也可作为结果母枝使用。主蔓附近有理想的长更新枝的枝蔓回缩至更新枝萌发处，然后短截更新枝蔓至粗度0.8cm处；主蔓附近只有中庸的中长更新枝的结果母蔓可选留保持一定间距的2~3个枝条作为枝组延伸，更新枝短截至粗度0.8cm处；主蔓附近没有良好结果母蔓的，保留基部2~3个芽或重回缩至基部10cm处。在进行回缩或短截时，剪口应离剪口芽或更新枝蔓抽发处2~3cm（图6-43），修剪后保留的枝蔓应均匀平整地绑缚至架面上，尽量减少枝蔓下垂或滑动（图6-44），剪口直径>0.6cm的应及时涂抹伤口保护剂，促进其愈合（图6-45）。

图6-43　冬季修剪后结果母蔓短截（左）或回缩（右）时剪口要求

图6-44　冬季修剪后结果母蔓架面绑缚要求

图6-45　冬季修剪后剪口保护要求

选择优秀的结果母蔓是冬季修剪的重中之重，光照充足、分枝处直径1.2～1.6cm的一年生枝蔓是最好的结果母蔓，特点是"黑、短、壮"即枝蔓颜色深略黑，节间短且芽体壮实饱满，这类枝条萌芽早、萌芽整齐及结果枝率高（图6-46）。

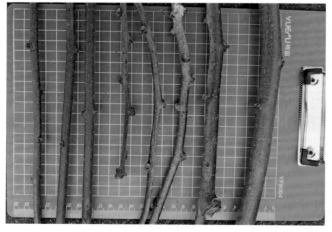

从左至右第1～3根枝蔓为晚夏梢或早秋梢，芽体不饱满，枝条颜色青绿，结果能力差；第4～7根枝蔓为春梢或早夏梢，芽体饱满、节间短，属优良结果母蔓；第8根枝蔓为徒长枝，基部1～10节多数为叶芽，但中上部有花芽。

图6-46　冬季落叶后一年生枝蔓类型

二、多主干树形整形修剪方法

多主干树形虽然生产上不提倡，但红肉猕猴桃露地栽培时溃疡病发病风险高，为了防止生产者在溃疡病发生后对成龄植株盲目挖除处理，特以溃疡病发病植株锯除主蔓或主干后的树体修复方法及效果为例，阐述多主干树形培养方法。因其为临时树形，所以在溃疡病得到有效控制后可通过逐年减少主干数量恢复良好树形结构。

（一）溃疡病发病植株多主干培养方式

主要用于两主蔓或主干上出现严重溃疡病症状的植株。其具体培养方式根据发病严重程度分为3种情况。

1. 发病较轻植株

即单个主蔓或侧蔓发病严重，其余枝蔓健康的植株（图6-47左）。可在主蔓分枝处保留15~20cm进行锯除，并在春季萌芽期用0.1%氯吡脲10~20倍液喷施保留的桩头及主干，促其抽发3~5个粗壮枝蔓直接上架，培养成第2年的结果母蔓（图6-47右）。

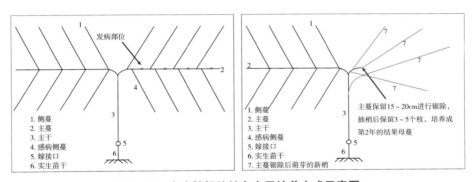

图6-47　发病较轻植株多主干培养方式示意图

2. 发病较重植株

即两主蔓均发病严重，且主干上有轻微症状的植株（图6-48左）。可在嫁接口以上保留20~30cm锯除，春季萌芽后在嫁接口以上选留并培养2~4个粗壮品种枝蔓直接上架（图6-48右），嫁接口以下选留1个实生枝蔓作为辅养枝，并在其60cm长时摘心促老熟。如果品种枝蔓长势较差，可对保留的实生枝蔓进行夏季嫁接，增加主干数量（图6-49）。四川省生产实践证明，处理及时并按照技术要求培养的多主干上架树冠第2年可实现丰产（图6-50）。

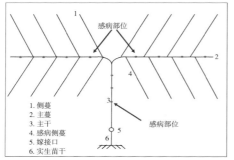
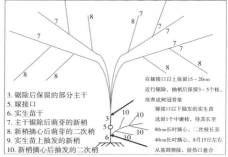

1. 侧蔓
2. 主蔓
3. 主干
4. 感病侧蔓
5. 嫁接口
6. 实生苗干

3. 锯除后保留的部分主干
5. 嫁接口
6. 实生苗干
7. 主干锯除后萌芽的新梢
8. 新梢摘心后萌芽的二次梢
9. 实生苗上抽发的新梢
10. 新梢摘心后抽发的二次梢

在嫁接口以上保留15～20cm
近行锯除，抽梢后保留3～5个枝，
培养成树冠骨架
嫁接口以下抽发的实生苗
选留1个中庸枝，待其长至
80cm长时摘心，二次枝长至
40cm长时摘心，8月15日左右
从基部剪除，促伤口愈合

图6-48　发病较重植株多主干培养方式示意图

图6-49　发病较重植株多主干培养效果

图6-50　发病较重植株多主干培养后丰产状

3. 发病部位特殊或极为严重植株

即在嫁接口附近表现严重病状的植株。可在嫁接口以下仅保留砧木桩头进行锯除，春季萌芽后选留4～5个实生枝蔓（图6-51），并对长势最旺盛的2个枝蔓进行牵引，待其达到1m长时进行摘心促老熟，夏季进行去顶留叶嫁接，培养品种枝蔓上架。剩余的实生枝蔓在其40cm长时重摘心，仅保留3～4片大叶养根，其上抽发的二次枝及时抹除，待品种枝蔓长势较好时将保留的实生枝蔓从基部剪除，促伤口愈合。

图6-51　发病较重植株锯除后实生枝蔓抽发情况

（二）溃疡病得到控制后树形逐年恢复方式

通过对发病植株及时处理并辅以化学药剂防控措施，可使溃疡病复发率明显降低，四川产区多年多点实践证明，溃疡病高发园区采取避雨设施栽培和多主干树形培养方式，溃疡病复发率可控制在5%以内，产量可在1～2年恢复至90%以上。在溃疡病得到明显控制后，为了园区管理方便，应采取逐年减少主干数量和逐步培养永久骨干方式恢复标准树形结构，以利于丰产优质。具体操作方式概括为"长放"与"短截"结合。

1. 长放

即在冬季修剪时对选留的过渡性主干上的结果母蔓尽可能"长放"，使其多结果，第2年春季和夏季将这些结果母蔓基部抽发的更新枝全部疏除，冬季修剪时锯除这类型主干，逐步减少主干基数。

2. 短截

即在冬季修剪时从永久性主干上选留1~2个粗壮枝蔓培养成主蔓，多余枝蔓全部疏除，并对选留的主蔓上所有侧蔓保留3~5个芽进行"重短截"，刺激其抽发侧蔓培养成第2年结果母蔓。

第四节　雄株整形修剪技术

雄株幼树整形修剪与雌株类似，成年后其修剪时期和方式与雌株有所差异。

雄株冬季修剪以轻剪长放为主，主要疏除过密枝、幼嫩枝，适当短截过长枝，使雄株保持较旺的树势，促其开放的花朵大、花粉量多、花粉生命力强，利于授粉受精。雄株谢花后1周左右是其修剪的重要时期，以疏剪、回缩为主，疏除所有细弱枝条，将所有开过花的母蔓全部重回缩至健壮新梢处或基部20cm处，促其尽快抽发大量夏梢，为第2年开花授粉作准备（图6-52）。

图6-52　雄株修剪后情景

第七章 红肉猕猴桃土肥水管理技术

红肉猕猴桃根系为肉质根，好氧性强，对土肥水条件要求严格。目前，从业人员普遍认为'红阳'等红肉品种产量低，长势弱，但作者曾在四川产区发现，有极个别果农可将'红阳'产量实现亩产近万斤，这与其精细的土肥水管理密不可分。本章重点就红肉猕猴桃园土壤管理、施肥策略及水分管控等进行阐述，希望能因地制宜地进行土肥水管理，为红肉猕猴桃生长创造土层深厚肥沃、疏松湿润、排水透气性良好的微酸性土壤环境，为持续丰产稳产奠定重要基础。

第一节 土壤管理技术

土壤是猕猴桃生长的基础，根系从土壤中不断吸收养分和水分，供给地上部分生长发育的需要，土壤的状况与猕猴桃生长结果的优劣关系极为密切，只有加强果园的土壤管理，培肥地力，才能为猕猴桃实现安全优质丰产奠定坚实基础。

优质丰产果园的土壤特点：第一，土层深厚。深厚的土层能够满足根系扩展的需要，形成强大的吸收网络。吸收土壤深层的水分、矿质营养和施肥后逐渐下渗到土壤深层的肥料，扩大营养吸收空间，提高肥料的利用率；同时深厚的土层温度变化小，使猕猴桃免遭冬季低温或夏季高温对根系的危害。第二，固、液、气三相组成合理。土壤是由固体、液体和气体三相物质组成的，矿物质土粒和土壤有机质及生活在土壤中的微生物和动物为固体部分，土壤水分和空气都是流体，都存在于土壤孔隙中。在一定的土壤孔隙状况下，水多则空气少，水少则空气多，只有在土壤结构良好、孔隙度高、大小孔隙比例适当的条件下，水、气才能协调供应。对植物生长最适宜的土壤

"三相"组成是土壤空隙占50%～60%，在孔隙中水和空气各占50%左右。这样的土壤通气良好，氧气含量适当，根系呼吸正常，生长良好；土壤水分供应充足，有利于根系对水分和养分的吸收，因而地上部生长发育良好。第三，有机质含量高。土壤有机质对土壤肥力起着极其重要的作用，其合成与分解是土壤形成的实质。土壤有机质中含有几乎所有作物和微生物需要的各种营养元素，同时具有提高土壤的保肥、保水能力和对酸碱变化的缓冲能力，改善土壤物理性质，促进土壤团粒结构形成等作用。红肉猕猴桃生长发育的理想土壤有机质含量为40～70g/kg，新西兰猕猴桃园土壤有机质平均含量4.7%，但我国土壤有机质含量普遍较低，四川猕猴桃产区平均仅15g/kg左右。同时土壤中的有机质每年因矿化而逐年减少，矿化率为2%～3%，只有每年施入的干有机物不少于300kg/亩才能保持原有的土壤有机质含量。

一、幼园行间合理间作

已有研究表明，果园行间周年种豆培肥相当于每年为土壤增施1t以上有机肥（图7-1）。猕猴桃苗木定植第1～3年，行间空地大，可通过合理间作提高土地利用率，控制杂草。以四川产区为例，建议的间作模式为：秋冬茬胡豆或豌豆或油菜—春茬大豆或青菜—夏茬大豆。上年秋冬季播种豌豆、胡豆（图7-2）或油菜（图7-3右），3月底播种大豆或绿豆或青菜（图7-3左），6月底再播夏大豆，提倡全年种豆培肥。间作的豆类最好在盛花期及时刈割进行树盘或行间覆盖。间作方法：按红肉猕猴桃植株3m行距计算，第1年间套作物播幅为1.5m左右，第2年为1.0m，第3年为0.5m，第4年及以后可全园或行间播种白三叶草、紫云英、毛叶苕子等，并在草的高度>30cm时刈割还田（图7-4至图7-6），培肥土壤，控制杂草。行间间作豆类品种宜尽量选择抗旱耐瘠薄、生物量大的抗病性品种，土壤肥力条件好的园区宜采用稀植方法播种无限结荚豆类品种，肥力稍差的园区宜采用密植方式播种有限结荚品种。通常情况下，幼园第1年间作每亩豆种用量为10～15kg，以后用种量逐年递减。

图7-1　猕猴桃幼园春季间作黄豆（左）并在夏季高温时刈割进行树盘覆盖（右）

图7-2　猕猴桃幼园秋冬季间作豌豆（左）和胡豆（右），春季刈割覆盖树盘

图7-3　猕猴桃幼园行间间作蔬菜（左）和油菜（右），春季刈割覆盖树盘

图7-4　猕猴桃幼园人工生草（左）和生长季节人工割草（右）

图7-5　猕猴桃幼园（左）和成龄园（右）自然生草状况

图7-6　猕猴桃成龄园行间人工生草和树盘地膜（左）或松针（右）覆盖状况

近年，四川都江堰市天马镇等地发挥气候、立地条件等优势，在平坝区红肉猕猴桃避雨栽培园内开展了间作羊肚菌示范，取得了良好效益（图7-7）。具体做法为：11月底迅速完成猕猴桃冬季修剪、清园后，每亩地撒熟石灰50kg和腐熟有机肥1 000kg，用旋耕机将行间表土耕细，按每亩300瓶菌种的量将菌种捏细均匀撒在地表面，再用旋耕机浅耕一遍，把菌种混入土中，浇透水，并用6针遮阳网（遮阳率80%以上）进行拱棚式覆盖。约1周，地面出现大量白色菌丝时，按每亩850袋的量分散放置营养袋（每个营养袋放置前需在一面打孔，并把打孔一面紧贴地面放置）。之后需一直保持土壤湿润状态。2月底至3月上中旬为羊肚菌出菇采收期，采收结束后把长满菌丝的营养袋去掉口袋后撒施在厢面培肥土壤。从示范结果看，每亩可收羊肚菌200kg左右，按80元/kg计算，亩产值1.6万元以上，扣除成本7 200元（菌种2 500元、营养袋1 700元、人工2 200元、遮阳网800元），亩收益

8 000元以上。不过羊肚菌种植受气候影响较大，对技术要求高，宜小面积示范成功后再进行推广应用。

图7-7　猕猴桃园冬春季间作羊肚菌示范

二、老园土壤改良培肥

当前生产上较多红肉猕猴桃老园区存在"花盆式"积水、土壤板结、酸化或盐碱化等问题，造成根腐病发生株率高、黄化严重、产量低（图7-8）。要实现老园提质增效，首先需重视土壤改良培肥与园区排水系统重建（图7-9）。

对于建园时未进行深翻改土且底土黏重的园区，宜在红肉猕猴桃采收后（9—10月），对长势较差的老园进行一次修根和土壤改良。方法为：离树干20cm远挖4条放射状沟，沟宽20～30cm，深度由浅入深（需与厢边排水沟连通），每株加入草炭或腐熟有机肥10～20kg，与土混匀后回填，并用秸秆、松针、药渣、谷壳等覆盖树盘（厚度15～20cm），再用加有少量生根剂和腐殖酸的水灌透，促新根生长。

图7-8　老园土壤结构存在严重问题（表层20cm为熟土，犁底层黏重易积水）

图7-9　老园排水渠加深（左）与土壤改良培肥（右）

对于土壤酸化或盐碱化严重的园区，宜在秋施基肥前对土壤进行酸碱度调节。土壤pH值超过7.5的园区可每亩撒施30～50kg硫黄粉（沙壤土用量宜少，黏壤土宜多），pH值低于5.5的园区可每亩撒施60～100kg生石灰，全园翻耕1周后再施入腐熟有机肥、磷肥以及生物菌剂。付崇毅等（2013）通过盆栽试验发现，硫黄粉单施比硫黄粉和有机肥混施对土壤pH值下降作用更大，当施硫量达到150mg/kg时（如果按土壤密度1.3g/cm³、改土深度30cm计算，硫黄的亩用量约39kg），土壤pH值从7.99下降至6.70。李青苗等（2016）大田试验发现，每亩施用75kg以上的生石灰后，持续近半年时间里，土壤pH值较对照（平均值为5.30）提高0.42以上。

对于根腐病为害严重的园区，施基肥前15d左右，用3%甲霜·噁霉灵500倍液（针对疫霉菌、蜜环菌引起的根腐病）或咯菌腈1 000倍液（针对白绢病引起的根腐）加入适量生根剂灌根1次（图7-10、图7-11）。

图7-10　根腐病为害后毛细根大量死亡（左）和未被根腐病为害的根系（右）

图7-11　根腐病为害严重的老园（左）和生长正常的老园（右）

　　老园提倡行间周年生草。在冬春干旱严重区域、缓坡地果园以及避雨设施栽培园区，建议选择紫云英、白三叶、紫花苜蓿等豆科类草种进行行间间作，于每年9月下旬至10月上旬播种，每亩用种量1～1.5kg。地下水位偏高的平坝园区或冬春雨水较多的区域，可进行行间清耕（图7-12）。

图7-12　地下水位高的区域清耕（左）和季节性干旱严重的区域周年生草（右）

三、周年树盘覆盖

无论幼龄园或成龄园，树盘覆盖均是必要的。苗木栽植第1年可用黑色或白色薄膜覆盖树盘保湿（覆盖面积≥1m²），以提高成活率（图7-13右），但在5月中下旬高温季节及时去除薄膜，防止地温过高。成龄后树盘覆盖物可选择药渣（图7-13左）、松针或稻壳（图7-14）、秸秆（图7-15）、森林腐殖土等，覆盖厚度15～20cm、面积≥1m²。季节性干旱严重的园区可用LS地布或6针以上遮阳网进行树盘覆盖（图7-16），但在覆盖前需增施好腐熟有机肥，并安装膜下滴灌设施，保障肥水供应。作者曾在暴雨后第2天对都江堰市红肉猕猴桃园区（垄面树盘松针覆盖15cm厚）土壤进行了理化指标测试（表7-1），从结果可以看出，树盘松针覆盖可防止暴雨造成土壤湿度陡增，且树盘土壤EC值、pH值以及温度等均比清耕和自然生草更有利于猕猴桃生长（图7-17、图7-18）。

图7-13　幼园树盘药渣覆盖（左）和黑膜覆盖（右）

图7-14　成龄园树盘松针覆盖（左）和稻壳覆盖（右）

图7-15　成龄园树盘玉米秸秆覆盖（左）和稻草覆盖（右）

图7-16　干旱严重园区树盘遮阳网覆盖（左）和地布覆盖（右）

表7-1　暴雨后第2天红肉猕猴桃园土壤理化指标情况

测试点位	土壤EC值	土壤pH值	土壤温度（℃）	土壤相对湿度（%）
树盘松针层（10cm）	0.1	6.7	27.0	66.0
松针覆盖下的树盘土壤层（10cm）	0.1	6.8	25.3	77.0
自然生草下的树盘土壤层（10cm）	0.4	7.2	27.5	92.0
清耕下的树盘土壤层（10cm）	0.3	7.0	26.5	96.0

图7-17　暴雨后清耕条件下（左）和自然生草条件下（右）树盘土壤理化指标

图7-18　暴雨后树盘松针层（左）和松针覆盖下的土壤层（右）理化指标

第二节　施肥与缺素症矫治技术

红肉猕猴桃施肥是一项技术性很强的农业措施，要实现以有限的肥料投入，获得尽可能大的效益，必须掌握合理施肥的基本原理，明确红肉猕猴桃需肥特性。

一、施肥原则

以腐熟有机肥或生物有机肥为主，合理施用无机肥，有针对性补充中、微量元素肥料。推荐开展测土配方施肥，提倡使用微生物肥料。

施用化肥时，要根据当地的土壤、气候条件，选用适宜的化肥种类，例如土壤pH值偏高的地区宜选用中性或酸性、生理酸性肥料，而不宜使用碱性或生理碱性肥料（表7-2）。根据试验，硫酸钾在增加产量、提高果实品质及商品等级方面优于氯化钾，但硫酸钾的价格比氯化钾贵得多，同时猕猴桃需要的氯元素量也较大，从产量、品质及经济效益等方面综合考虑，以硫酸钾和氯化钾按1∶1的比例混合使用效果较好。

表7-2　生产上常见化肥的酸、碱及中性划分

肥料名称	生理酸、碱及中性	肥料名称	生理酸、碱及中性
尿素	中性	硫酸钾	酸性
磷酸一铵	酸性	氯化钾	酸性
磷酸二铵	酸性	磷酸二氢钾	中性
硝酸铵	中性	氯化钙	酸性
碳酸氢铵	中性	硝酸钙	碱性
硫酸铵	酸性	过磷酸钙	酸性
氯化铵	酸性	钙镁磷肥	碱性

二、施肥时期及施肥量

红肉猕猴桃施肥时期与物候期紧密联系。通常情况下，幼树施肥只需遵循勤施薄施、前促后控原则。投产树则需根据季节性生长需求确定施肥时期与用量。红肉猕猴桃的全年关键物候期主要有萌芽展叶期、开花坐果期、果实快速生长期、枝蔓旺盛生长期、果实品质形成期，其中果实快速生长期与枝蔓旺盛生长期重合。根据作者多年研究结果，四川红肉猕猴桃产区建议的施肥时期及施肥量如下。

（一）秋施基肥

建议在果实采收后尽早施入，宜早不宜晚。四川产区基肥最佳施用时间为9月中旬至10月下旬，这时天气虽然逐渐变凉，但地温仍然较高，根系进入第3次生长高峰，施肥后根系修复快。宜以生物有机肥或腐熟有机肥为主，幼树5～10kg/株，成年树10～15kg/株。未发生早期落叶或早期落叶轻微的园区，施基肥时可加入均衡型复合肥，幼树0.3～0.5kg/株，成年树

0.5～1.0kg/株。早期落叶严重的园区复合肥宜调整到花前施入，以防秋季大肥大水后造成秋梢大量萌发。投产树基肥中需适量加入中微量元素肥，50～150g/株。

（二）土壤追肥

幼树根系量少，追肥宜少量多次，通常情况下，定植当年，全年追肥9～10次，萌芽后20d追施第1次肥，以后根据树体长势每月追肥1～2次；定植后1～2年，全年追肥次数7～8次，萌芽前10d追施第1次肥，以后根据树体长势每月追肥1～2次。幼树主要是扩大树冠，8月底前宜以氮肥为主，9月后可适当增施磷钾肥，促枝蔓充实老熟。投产树追肥应重点抓住4个关键时期。

一是萌芽肥，芽萌动时施入。但早春土温低，吸收根发生少，吸收能力不强，树体主要消耗体内贮存的养分。萌芽追肥以速效高氮高磷型肥为主，初投产树50～100g/株，成年树100～150g/株，树势强健、基肥数量充足的植株或溃疡病高发园区此次肥可不施，但要保证土壤湿润，必要时可灌施生根剂，促新根生长。

二是花前肥，开花前10～15d施入。此次追肥对花质量、枝蔓生长和开花整齐度影响较大。花前追肥仍以高氮高磷型肥为主，初投产树100～150g/株，成年树150～200g/株，适量补充硼、镁、硫肥。

三是花后肥，也称壮果促梢肥，在谢花后15～20d施入。此时期幼果、新梢与叶片均生长迅速，对养分需求量大，追肥以均衡型肥为主，初投产树150～200g/株，成年树200～250g/株，适量补充钙、镁、铁肥。

四是优果肥，果实采前40～50d施入。此时期，果实形状已固定，但干物质积累快，果实可增重20%以上，也是枝蔓花芽形成关键期。追肥宜以高磷高钾型肥为主，初投产树150～200g/株，成年树200～250g/株，适量补充钙、镁、铁肥。高温干旱季节，使用水溶肥进行根部追肥时，肥液浓度需<1.0%。

（三）叶面追肥

叶面追肥简单易行、用肥量小、发挥作用快，且不受养分分配中心的影响，并可避免某些元素在土壤中发生固定作用。但根外追肥不能代替土壤施肥，只能作为土壤施肥的补充。叶面追肥次数根据植株生长需要而定，黄化较严重和挂果量大的园区可每15～20d叶面追肥1次，施肥浓度依气候而定，高温晴朗天气肥液浓度需<0.3%，阴天需<0.5%。

不同树龄红肉猕猴桃园年施肥量见表7-3。

表7-3 不同树龄红肉猕猴桃园建议施肥量

树龄	年产量（kg/亩）	全年建议施肥量（kg/亩）			
		腐熟有机肥	化肥		
			纯氮（N）	纯磷（P$_2$O$_5$）	纯钾（K$_2$O）
1年生	—	2 000	8	3	4
2～3年生	300	2 000	10	5	6
4～5年生	800	3 000	15	10	12
6～7年生	1 500	4 000	20	12	16
成年树	2 000	4 000	25	15	20

三、施肥方法

（一）秋施基肥方法

根据建园时是否彻底改土和土壤质地来确定秋施基肥方法。如果建园时土壤改良到位或土壤疏松透气性好，建议采取肥料撒施再浅翻方式施基肥，翻耕时，植株附近略浅（5～10cm），外围略深（15～20cm）。如果建园时土壤改良不到位或土壤质地黏重板结，宜采取扩穴深翻方式施基肥，幼树从定植穴的外缘向外开挖宽30cm、深40～50cm的环状沟（以不损伤根系为标准）（图7-19左），将肥料与挖出的泥土混合均匀后填入沟中，多年坚持直至全园深翻改土一遍；成年树可在离树干60～80cm处挖宽30cm、深40～50cm、长100cm条状沟2条，将肥料与挖出的泥土混合均匀后填入沟中，第2年换另外一个方向继续按此方式进行施肥。如果园区地下水位较高，建议采取全园撒施再浅翻方式施基肥（图7-19右），并在树盘大量覆盖粗有机质（松针、药渣、秸秆、谷壳等），厚度≥15cm、直径≥100cm，通过多年覆盖为根系生长培植新的疏松透气根际环境。

图7-19　秋季环状沟施基肥（左）和全园撒施再浅翻施基肥（右）

（二）土壤追肥方法

提倡使用管道追肥或施肥枪追肥，精准且节肥节水高效；提倡使用水溶性肥料。确实没有条件的园区，旱季追肥宜穴施，即在每株树不同方位挖5~8个深15cm、宽20cm小穴，撒入肥料后灌水覆土；雨季追肥可穴施也可撒施，撒施时建议选用缓释型肥料，并尽量避开大雨天。

（三）叶面追肥方法

选用适宜的水溶性大量元素肥料或水溶性中微量元素肥料进行叶面喷施，可结合病虫害防治同时进行。根外追肥时的最适空气温度为18~25℃，无风或微风，湿度较大些为好。高温时喷布后水分蒸发迅速，肥料溶液很快浓缩，既影响吸收又容易发生肥害，因此夏季喷布的时间最好16时以后或多云天进行，春、秋季也应在气温不高的10时之前或15时以后进行。

四、缺素症及矫治方法

红肉猕猴桃虽然长势上普遍较绿肉和黄肉品种弱，但对各种矿质营养的需求并不低，因此在生产中缺素症状较为常见。Tran等（2012）研究认为，猕猴桃叶片养分缺乏与根系吸收养分受阻有关，而与土壤中养分丰缺关系不大，需要通过改善土壤的其他条件（如pH值、水分、通气状况等）或叶面喷肥来促进树体吸收。因此，叶片营养诊断是及时掌握植株是否缺素的有效办法。有研究人员指出，叶片营养元素诊断的适宜时期：N为7—9月，P、Ca、Cu为10月，K、Mg、Zn为7—8月，Mn为9—10月，Cl为7—10月，B为8月，Fe全年均可。'红阳'猕猴桃叶片营养诊断以4月和7月为宜（表7-4），主要营养元素缺素症状及矫治方法见表7-5。

表7-4　'红阳'猕猴桃两个关键时期叶片养分正常含量的参考值

序号	元素名称	叶片中元素参考含量	
		展叶现蕾期（4月）	梢果旺长期（7月）
1	N	3.5% ~ 3.9%	3.12%
2	P	0.6% ~ 0.7%	0.20%
3	K	2.65% ~ 2.75%	2.76%
4	Ca	1.35% ~ 1.45%	2.30%
5	Mg	0.30% ~ 0.35%	0.70%
6	Zn	55.00 ~ 70.00mg/kg	29.00mg/kg
7	B	18.00 ~ 30.00mg/kg	71.00mg/kg
8	Fe	30.00 ~ 90.00mg/kg	85.00mg/kg
9	Mn	1.24mg/kg	0.90mg/kg
10	Cl	0.18mg/kg	0.08mg/kg
11	S	0.21mg/kg	0.06mg/kg
12	Cu	0.66mg/kg	0.80mg/kg

备注：参考胡锦等编著的《红阳猕猴桃栽培管理实用技术》，P$_{21-23}$。

表7-5　红肉猕猴桃主要缺素症状及矫治方法

序号	缺素名称	缺素症状	矫治方法
1	氮（N）	①叶色从深绿变浅绿，严重时叶色全黄，但叶脉仍保持明显绿色；植株生长势衰弱，矮小，果实小。②首先在老叶上出现，随着缺素加剧，向新叶扩展，最后到整个树体。③老叶缺氮严重时叶片边缘呈烧焦状，坏死的组织微向上卷	①建园改土时施足基肥。②展叶期全树喷0.1% ~ 0.3%的尿素溶液2 ~ 3次。③土壤施肥时注意氮、磷、钾的合理配比施用

（续表）

序号	缺素名称	缺素症状	矫治方法
2	磷（P）	① 叶片变小，轻度时叶色变化不大，严重时会在老叶上出现叶脉间失绿，叶片呈紫红色，背面的主脉和侧脉红色，向基部逐步变深。② 红肉猕猴桃缺磷时叶片正面皱缩并呈现凹凸不平状，但叶色呈深绿色	① 建园改土时每亩施入300kg过磷酸钙或钙镁磷肥。② 生长季节少量多次的施用磷酸二氢钾及磷酸氢铵等速效肥料，或叶面喷施0.3%~0.5%磷酸二氢钾溶液2~3次
3	钾（K）	① 叶片变小、颜色变为青白色，老叶边缘会轻微的枯萎变黄。缺钾严重时，老叶边缘向里向上卷起，尤其一天当中温度较高时更为明显，此症状与缺水症状相似。② 缺钾严重时，叶片边缘产生的轻微萎黄症状从叶脉之间延伸直至中脉，只剩下靠近主叶脉组织和叶片的基部为绿色。叶片大部分变为焦枯状，甚至破碎。果实小，产量低	① 5—8月，每月土施1次氯化钾，每次亩用量6~7kg。② 生长季节，叶面喷施0.2%~0.3%的磷酸二氢钾。③ 进行生草覆盖的园区需加大施钾量
4	钙（Ca）	① 症状最先出现在老叶上，随后波及嫩叶。在叶基部的叶脉出现坏死并变黑。坏死的部分会扩散到健康的叶脉上。② 叶面上坏死的组织干枯后，叶子变脆，易落叶。③ 在严重缺钙时，根的顶点坏死，植株坐果少且果小，畸形率增加。果实采摘后耐贮藏性差	① pH值≤6的园区可在雨季撒施生石灰10kg/亩补钙又杀菌。基肥宜增施钙镁磷肥200kg/亩。② 谢花后20~60d，叶面喷施含钙微肥，每隔10d喷施1次，连续喷施2~4次；采前20~40d，喷施1~2次，可提高果实耐贮性
5	镁（Mg）	① 基部老叶发生叶脉间褪绿，后期叶脉间出现黄化斑点，呈紫红色的花斑叶。② 在同一片叶子上多由叶片内部向叶缘扩展黄化，进而叶肉组织坏死，仅留叶脉保持绿色，界线明显。③ 生长初期症状不明显，果实膨大期后逐渐加重，坐果量多的植株较重，但是缺镁引起的黄叶一般不早落	① 选择含镁量较高的有机肥作底肥，或秋季施基肥时每亩增施硫酸镁2~3kg。② 出现缺镁症状时，叶面喷施1%~2%硫酸镁，隔20~30d喷1次，共喷3~4次

（续表）

序号	缺素名称	缺素症状	矫治方法
6	铁（Fe）	① 充分展开的叶片中铁含量低于每克60μg，就会出现缺铁症状。② 症状最初发生在嫩梢叶片上，叶色为鲜黄色，叶脉两侧呈绿色脉带，早期褪绿出现在叶缘，在叶基部近叶柄处有大片绿色组织。严重时，叶片变成淡黄色甚至白色，而老叶保持正常绿色，最后叶片发生不规则的褐色坏死斑。③ 受害新梢生长量很小，花穗变成浅黄色，坐果率低。④ 缺铁的红肉猕猴桃果实小而硬，果皮粗糙，果皮变为乳白色或淡红色，果肉全部呈淡红色	① 冬季修剪后，用25%硫酸亚铁+25%柠檬酸混合液涂抹枝蔓。② 生长期叶面喷0.1%～0.3%硫酸亚铁+0.15%柠檬酸，每隔7～10d喷1次，连续喷3～4次，也可喷雾98%的螯合铁2 000倍液。③ 堆制腐熟有机肥时，每亩加硫酸亚铁20～25kg，与有机肥充分腐熟后一并土施。④ 酸性土壤缺铁时，在基肥中施入螯合铁、黄腐酸二铵铁等有机铁
7	锌（Zn）	① 充分展开的叶片中锌含量低于每克1.2μg时，就会出现缺锌症状。② 症状最先出现在老叶上，老叶叶脉变为暗绿色，叶脉和鲜黄色的叶面对比很明显，缺锌容易产生斑点病，斑点主要在主脉两侧。③ 严重时，叶片变小且簇生，新梢节间缩短，腋芽萌生，并严重影响侧根发育	① 谢花后20d，根外喷施0.3%硫酸锌或氯化锌+0.5%尿素。② 基肥中每株树混入50～100g硫酸锌，持续2～3年
8	硼（B）	① 在新叶上的典型表现是小的不规则黄色组织的出现，在叶脉两边这些斑点逐渐扩大和相互结合形成一个大的黄色区域。叶片的叶缘仍保持绿色。同时嫩叶增厚，变畸形和扭曲。② 严重时，茎节间的生长受到限制，使得植株矮小，并引起枝蔓粗肿病。树干皮孔突出，树皮变粗或开裂，并影响花的发育和授粉受精，果实变小，种子变少	① 增施有机肥，活化土壤，提高土壤肥力，土壤干旱时及时浇水。② 堆制腐熟粪肥时，每吨粪肥加入硼酸1～2kg。③ 生长季节叶面喷施0.1%的硼砂

第三节　水分管理技术

红肉猕猴桃根系生长适宜的土壤相对湿度为65%～90%，过干或过湿都不利于根系生长（表7-6）。

表7-6　猕猴桃园土壤田间持水量分级情况

等级	描述	观察	图片
1	黑墒（过湿，土壤相对湿度>90%）	捏过之后，手会感觉很湿。有水从指缝中流出。此类湿度保持时间过长容易引起根腐	
2	褐墒（偏湿，土壤相对湿度80%～90%）	捏过之后能成形。不会碎开，像橡皮泥，手感觉是湿的且凉凉的。在花前、花后以及果实迅速膨大期大棚内应保持此类湿度	
3	黄墒（适宜，土壤相对湿度70%～80%）	捏过之后形状不规则，松手即散，手掌感觉轻微的湿度。在花前、花后以及果实迅速膨大期露地需保持此类湿度	
4	灰墒（干旱，土壤相对湿度<60%）	不能捏成形，手感觉很干。除冬季外，大棚内应随时避免此类湿度条件	

一、灌溉时期

（一）萌芽期

萌芽前后红肉猕猴桃对土壤的含水量要求较高，土壤水分充足时萌芽整齐，枝叶生长旺盛，花器发育良好。这一时期四川多数产区春雨较多，可不必灌溉，但如遇春旱，则需要及时灌溉。

（二）花前

花期应控制灌水，以免降低地温，影响花的开放，因此应在花前灌一次水，确保土壤水分供应充足，使猕猴桃花正常开放。

（三）花后

猕猴桃开花坐果后，细胞分裂和扩大旺盛，需要较多水分供应，但灌水不宜过多，以免引起新梢徒长。

（四）果实迅速膨大期

猕猴桃坐果后的2个多月时间内，是猕猴桃果实生长最旺盛的时期，果实的体积和鲜重增加最快，占到最终果实重量的70%左右，这一时期是猕猴桃需水的高峰期，充足的水分供应可以满足果实膨大对水分的需求，同时促进花芽分化良好。根据土壤湿度决定灌水次数，在持续晴天的情况下，1周左右应灌水1次。该时期水分管理不当易造成裂果和果实发育不良，对产量影响较大（图7-20）。

图7-20　水分管理不当造成猕猴桃裂果（左）和干旱缺水造成果实发育不良（右）

（五）果实缓慢生长期

需水相对较少，但由于此期气温仍然较高，需要根据土壤湿度和天气状况适当灌水。

（六）果实采收前期

此期果实生长出现一小高峰，适量灌水能适当增大果实，同时促进营养积累、转化，但采收前5d左右应停止灌水。

（七）冬季休眠期

休眠期需水量较少，但越冬前灌水有利于根系的营养物质合成转化及植株的安全越冬，一般秋施基肥后至越冬前灌透一次水。

二、灌溉方式

灌溉有多种方法，包括漫灌、渗灌、滴灌、喷灌。

漫灌的特点是简单易行，投资少，但冲刷土壤，土壤易板结。由于漫灌不易控制灌水量，耗水量较大，不利于有效使用有限的水资源，应尽量减少使用。

渗灌是利用有适当高差的水源，将水通过管道引向树行两侧，距树行约90cm，埋置深度15～20cm的输水管，在水管上设置微小出水孔，水渗出后逐渐湿润周围的土壤，比较省水，也没有板结的缺点，但出水口容易发生堵塞。也可将出水管沿树行放置在地面，改为简易滴灌，发生堵塞时容易解决，但水管使用寿命减少。

滴灌是顺行在地面之上安装管道，管道上设置滴头，在总入水口处设有加压泵，在植株的周围按照树龄的大小安装适当数量的滴头，水从滴头滴出后浸泡土壤。滴灌只湿润根部附近的土壤，特别省水，用水量只相当于喷灌的一半左右，适于各类地形的土壤。缺点是投资较大，滴头易堵塞，输水管对田间操作不方便，同时需要加压设备。

喷灌又分为微喷与高架喷灌。微喷使用管道将水引入田间，在每株树旁安装微喷头，喷水直径一般1～1.2m，省水，效果好，但需要加压，田间操作也不便。高架喷灌比漫灌省水，但对树叶、果实、土壤的冲刷大，也需要加压设备。喷灌对改善果园小气候作用明显，缺点是投资费用较大。

上述几种灌溉方法中，滴灌和微喷是目前最先进的灌溉方法，但投资相对较大，有条件的地方可以使用。山地或台地猕猴桃园，利用山塘水库或建造蓄水池，实行自流灌溉、喷灌、滴灌或浇灌，幼树每株每次浇水20～30kg，成年树每株每次浇水50～60kg。平地猕猴桃园，推荐使用微喷灌和滴灌。

三、排水

土壤排水不良时，土壤空气与大气无法正常交换，由于各种有机物的呼吸和分解大量消耗土壤空气中的氧气，产生的大量二氧化碳及其他有毒气体不断在土壤中积累，根系的呼吸作用受到抑制，而根系吸收养分和水分、进行生长必要的动力源都是依靠呼吸作用进行的。当缺氧进一步加剧时，根系被迫进行缺氧呼吸，积累酒精使蛋白质中毒，引起根系生长衰弱以至死亡。

首先在选择园址时避免在易积水的低洼地带建园，栽培园地的地下水位在涝季时至少应在1m以下，地下水位过高易造成根系长期浸泡在水中而腐烂死亡（图7-21）。已在低洼的易涝地区建园的，应沿树行给树盘培土成为高垄栽植，并建立排水沟，果园积水不能超过24h，否则暴雨过后高温天气极易造成焦叶和果实日灼（图7-22）。如园区长期保持较高土壤湿度，还易诱发蜗牛为害（图7-23）。

图7-21　园区排水不畅造成大量积水（2013年都江堰市红阳猕猴桃园）

图7-22　暴雨过后的陡然高温造成叶片焦枯（左）和果实日灼（右）

图7-23　暴雨过后蜗牛大量繁殖上树为害果袋（左）、果实（中）及叶片（右）

　　排水沟有明沟和暗沟两种。明沟由总排水沟、干沟和支沟组成，支沟宽约50cm，沟深至根层下约20cm，干沟较支沟深约20cm，总排水沟又较干沟深20cm，沟底保持1‰的比降。明沟排水的优点是投资少，但占地多，易倒塌淤塞和滋生杂草，排水不畅，养护维修困难。暗沟排水是在果园地下安设管道，将土壤中多余的水分由管道中排出。暗沟的系统与明沟相似，沟深与明沟相同或略深一些。暗沟可用砖或塑料管、瓦管做成。用砖做时在沿树行挖成的沟底侧放2排砖，2排砖之间相距13～15cm，同排砖之间相距1～2cm，在这2排砖上平放一层砖，砖与砖之间需切紧不留空隙，形成高约12cm、宽15～18cm的管道，上面用土回填好。暗管排水的优点是不占地、不影响机耕，排水效果好，可以排灌两用，养护负担轻，缺点是成本高、投资大，管道易被沉淀泥沙堵塞。

第四节　水肥一体化管理技术

一、固定式

　　固定式水肥一体化设施可采用滴灌或喷灌系统，均由动力控制、水源工程、输送管道、微喷头（喷灌带）及注肥系统5个部分组成。避雨栽培园区必须配套安装固定式水肥一体化设施，且建议采用微喷灌（喷灌带）系统（图7-24）。

图7-24　固定式水肥一体化田间设施（左）和首部系统（右）

二、移动式

　　采用由168F四冲程汽油机+8mm内径三胶两线（以上）高压管+304含镍不锈钢高压施肥枪（喷雾枪）组装的高压施肥系统，适合于小户或坡地果园（图7-25、图7-26）。

图7-25　较便捷的移动式水肥一体化设备

图7-26　小型移动式水肥一体化机械（左）和施肥枪（右）

第八章　红肉猕猴桃花果管理技术

猕猴桃为雌雄异株果树，外来雄株花粉的授粉、受精成功与否直接关系坐果、产量和最终果实的大小。雌花正常授粉、受精后，可避免幼果脱落和畸形小果；果实膨大快，种子正常发育，单果重随之提高，果形整齐，可溶性固形物含量提高，着色好。授粉、受精不良，会产生一定的落果率；即使坐果，也会产生扁果、一侧发育不良等畸形果，果形、单果重等外观品质也达不到品种最佳状态。本章重点就高效授粉、疏花疏果、壮果套袋等技术进行阐述，希望通过良好的花果管理措施实现红肉猕猴桃高产稳产与优质。

第一节　高效授粉技术

一、雄花采集、爆粉及花粉活力检测

（一）雄花采集

采集花粉时，在授粉前2～3d选择比雌树品种花期略早、花粉量多、与雌性品种亲和力强、花粉萌芽率高、花期长的雄株。待上午露水干后，从雄株上人工采集含苞待放的"铃铛花"，或初开放而花药未开裂的雄花（图8-1、图8-2）。雄花的采集量可根据当年产量进行计算，一般情况下，丰产期1 500kg/亩的红肉猕猴桃园每亩需纯粉30g左右，按1kg雄花生产纯粉5g计算，每亩至少需采集雄花6kg（约5 000朵花）。

图8-1　猕猴桃雄花采集（红色圆圈标注的雄花为最佳采摘期）

图8-2　不同人员采集的雄花质量（左图为已完全盛开的雄花，获粉量少）

（二）爆粉方法

传统的人工剥花效率低（图8-3），建议将采集到的雄花用手在2～3mm筛或铁丝网上摩擦，剔除花瓣和花丝，获取花药（图8-4）；推荐使用花药脱离机快速获取花药（图8-5）。将花药在纸上平摊成薄层，自然阴干，并及时放入25～28℃下爆粉10～12h，使花药开放散出花粉（图8-6）；推荐在温度控制精确的恒温箱中爆粉（图8-7）；提倡直接购买花粉纯度高、活力强的商品花粉用于红肉猕猴桃授粉。

图8-3　传统的人工剥花及获取的花药（效率低）

图8-4　人工获取花药可借助的简易工具（效率较高）

图8-5　花药脱粒机（左一和左二）、获取的花药（右上）及纯粉制备机（右下）

图8-6　爆粉房及温湿度控制

图8-7　恒温爆粉箱

（三）花粉保存

花粉爆出后，用200目筛网将纯花粉筛出后，用干燥且密闭性较好的玻璃瓶收集并密闭后置于3～5℃、黑暗条件下保存。纯花粉在-20℃的密封容器中可贮藏1～2年（图8-8），在5℃的家用冰箱中可贮藏10d以上。在干燥的室温条件下贮藏5d的授粉坐果率也较高，但随着贮藏时间的延长，授粉后果实的重量逐渐降低，以贮藏24～48h的花粉授粉效果最好。为了保证授粉效果，贮藏一段时间的花粉最好在使用前送到相关单位进行花粉活力检测。

图8-8　猕猴桃商品花粉（左一）及人工获取的猕猴桃纯花粉

（四）花粉活力检测

以花粉培养法最方便。培养基配方为：10%蔗糖+150mg/L硼酸+1%琼脂+10mg/L硝酸钙或100mg/L硫酸锰，pH值6.4～6.8。在凹玻片上用滴管滴上配好的培养基，然后用头发丝条播花粉，播好后放入铺有加湿滤纸的培养皿中，在温度25℃左右条件培养2～3h后，在100倍（10×10）显微镜下观察萌发率，以花粉管长度为花粉粒直径的1倍以上视为萌发（图8-9）。通常情况下，花粉萌发率需达到50%以上才能保证理想授粉效果。

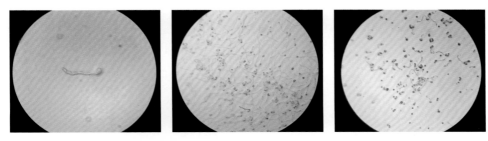

图8-9 猕猴桃花粉活力检测（光学显微镜下观察的花粉萌发效果）

（五）雄花废弃物综合利用

花粉筛除干净后剩余的花药壁以及花药脱除干净后剩余的雄花废弃物（花瓣、花丝、花萼等），可收集放置在65℃烘箱中烘干（约12h），再用植物粉碎机粉碎，并用200目筛网过滤，所获细粉可作为授粉时花粉的填充剂（图8-10），干粉点授时可按照与纯花粉质量比为（3～5）：1进行配制。

图8-10 猕猴桃雄花废弃物（左）和利用废弃物制作的花粉填充剂（右）

二、授粉时期与方法

（一）授粉时间

初花期、盛花期、末花期各授1次（图8-11）。授粉宜在晴天12时以前进行。授粉后3h内如遇到中等强度以上降雨，需重复授粉。雌花开放后5d之内均可以授粉受精，但随着开放时间的延长，果实内的种子数和果个的大小逐渐下降，以花开放后1～2d的授粉效果最好，第4天授粉坐果率显著降低。花期如果遭遇低温阴雨天气对授粉影响较大（图8-12）。

图8-11　含苞待放的雌花（左，1d后开放）和刚盛开的雌花（右，授粉佳期）

图8-12　已开放2d的雌花（左，还可授粉）和感病后无法开放的花（右）

（二）授粉方式及方法

（1）人工辅助授粉。常用方法有液体喷授（花粉悬浮液喷授）、干粉点授（借助毛笔等）、干粉喷授（借助授粉枪）等。花期空气干燥、风大的园区，建议采取液体喷授方式，花粉悬浮液配方为1g纯花粉+1g硼砂+10g蔗糖（或蜂蜜）+1 000g去离子水（纯净水）；花期阴雨天气多的产区建议采取干粉点授或喷授方式，推荐使用授粉枪进行人工辅助授粉（图8-13）。干粉喷授时，需将纯花粉和染色后的石松粉（或雄花废弃物制作的填充剂）按照重量比1∶（3～5）混匀后对准开放的雌花柱头进行喷授（图8-14）。授粉时，需尽量将花粉均匀喷至猕猴桃雌花的全部柱头上，才能保证100%坐果率，且果型端正（图8-15）。

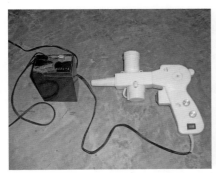

图8-13　授粉枪（左一和左二）及人工干粉喷授示范（右）

图8-14　人工自制授粉器干粉点授（左一和左二）及刚授粉后的雌花（右）

（2）蜜蜂辅助授粉。无溃疡病且雌雄株花期相遇的园区推荐采用蜜蜂授粉（图8-16）。但猕猴桃花没有蜜腺，对蜜蜂的吸引力不大，所以用蜜蜂授粉时需要的蜂量较大，大致每2亩猕猴桃园就应有1箱蜂，每箱中有不少于3万头活力旺盛的蜜蜂。一般在约有10%的雌花开放时将蜂箱移入园内，过早会使蜜蜂习惯于园外其他蜜源植物，而减少采集猕猴桃花粉的次数。为了增强蜜蜂的活力，每2d给每箱蜜蜂喂1L 50%的糖水，蜂箱还应放置在园中向阳的地方。

图8-15　人工干粉点授后第3天（左）及授粉后第7天（右）

图8-16　蜜蜂授粉

第二节　疏花、疏果与摘叶技术

猕猴桃花量较大、坐果率较高，正常气候及授粉条件下，几乎没有生理落果现象。如果结果过多会消耗大量养分，果实单果重降低，进而导致品质和商品果率降低，同时也会出现大小年结果现象。在生产中应注意疏花疏果，合理安排产量以保证果实品质。

一、疏花时期与方法

猕猴桃的花期很短而蕾期较长，一般不疏花而提前疏蕾。疏蕾通常在3月中下旬至4月初进行，以花蕾长至豌豆大时进行疏蕾最好，过早操作不便，过晚疏蕾效果不佳。主要疏除侧花蕾（猕猴桃的雌花多数是一个花序，由中心花蕾和两边的侧花蕾组成，图8-17）、少叶或无叶花蕾、病虫和畸形蕾（图8-18）以及弱更新枝上的花蕾。

图8-17 红肉猕猴桃侧蕾（图中红色圆圈内花蕾）疏除

图8-18 无侧蕾的结果枝（左）和畸形花（右）

疏蕾前需根据树龄、树势计划好单株产量，以产量计划留花量，计算公式为：留花量=单株产量/平均单果重×130%。通常情况下，红肉猕猴桃第1年结果的幼树，单株产量为2.5～5kg，按照平均单果重100g计算，单株留花量为33～65朵；第2年结果树单株产量为6～10kg，单株留花量为78～130朵；第3年结果树单株产量为12～15kg，单株留花量为156～195朵；丰产期树单株产量为15～20kg，单株留花量为195～260朵。树势强旺的可多留，弱树少留；生长旺盛的枝蔓多留，弱枝少留。一般情况下，单个枝蔓上的留花量以枝蔓生长势来定，强壮的长果枝留5～6个花蕾，中庸的结果枝留3～4个花蕾，短果枝留1～2个花蕾。单个枝蔓最基部的花蕾容易产生畸形果，疏蕾时可先疏除，需要继续疏时再疏顶部的，尽量保留枝蔓中部的花蕾。

二、疏果时期与方法

疏果是疏蕾的补充，疏蕾不彻底时尽早疏果可以节省养分，使保留的果实获得最多的养分供应。猕猴桃的坐果能力特别强，在正常授粉情况下，95%的花都可以受精坐果。猕猴桃除病虫为害、外界损伤等可引起落果外，不会因营养的竞争产生生理落果，因此开花坐果后通过疏果调整留果量尤为重要。

四川盆地红肉猕猴桃疏果应在5月上中旬（谢花后的10～15d进行，图8-19）。首先疏去授粉受精不良的畸形果、伤果、小果、过密果等，而保留果梗粗壮、发育良好的正常果（图8-20）。然后根据结果枝的长势调整果实数量，生长健壮的长果枝留4～5个果，中庸的结果枝留3～4个，短果枝留1～2个。同时注意控制全树的留果量，成龄园每平方米架面留果40～50个，每株留果240～300个。

图8-19　未进行疏花的园区结果状（红色标注果实为疏除对象）

图8-20　已疏花的园区结果状（红色标注果实为疏除对象）

三、摘叶时期与方法

红肉猕猴桃幼果期果皮特别幼嫩、皮薄，易被叶片擦伤形成伤疤果，尤其在浸果后至套袋前这段时间，果皮最易受到风害。需在疏果时一并摘除与果实有直接接触的叶片，但不能因叶片摘除过多而影响植株光合作用。所以通常情况下，主要摘除每个结果枝上1～2片与果实接触面最大的叶片即可（图8-21）。

图8-21　风害造成果皮擦伤（左）和摘叶方法（右）

第三节　浸果技术

当前红肉猕猴桃主栽品种中，'红阳'果实偏小，生产上果农常通过使用氯吡脲浸果来增大果实，提早上市。氯吡脲别名膨果龙、吡效隆、CPPU、氯吡苯脲、KT-30、施特优等，为新型植物生长调节剂，是具有高活性的苯脲类分裂素物质，可以影响植物芽的发育，促进细胞增大和分化，促进果实膨大，增强光合作用，诱导芽的分化，改善作物品质等。

已有研究表明，氯吡脲的作用机制是非全身性的，猕猴桃上的代谢试验显示，活性成分在植株体内没有明显的转运作用发生，因此通过叶面喷施方式膨果效果较差，且易影响枝蔓生长。大鼠经口试验显示，口服摄入的氯吡脲可迅速被消化道吸收，吸收后可很快被排出。48h内，44%～70%的剂量可随尿排出（尿排半衰期约14h），13%～28%的剂量可随粪便排出（粪排半衰期约16h）。口服摄入7d后，残留在大鼠体内的氯吡脲的剂量小于2%。氯吡脲在猕猴桃中的降解速度较快，平均半衰期为4.5d，用药后26d降解率可达95%，36d降解率可达99%，用药后66d不易检出氯吡脲。目前，国内外对猕猴桃果实中氯吡脲残留量均有严格限定，其中韩国规定氯吡脲在猕猴桃中的限量值为0.05mg/kg，美国规定氯吡脲在猕猴桃中残留限量为0.04mg/kg。我国也在2009年、2012年分别出台了相应的行业标准与国家标准，对猕猴桃、黄瓜、西瓜和葡萄中氯吡脲残留作了限量规定，其中行业标准已于2012年废止，现行国家标准规定猕猴桃中氯吡脲残留限量为0.05mg/kg（图8-22）。

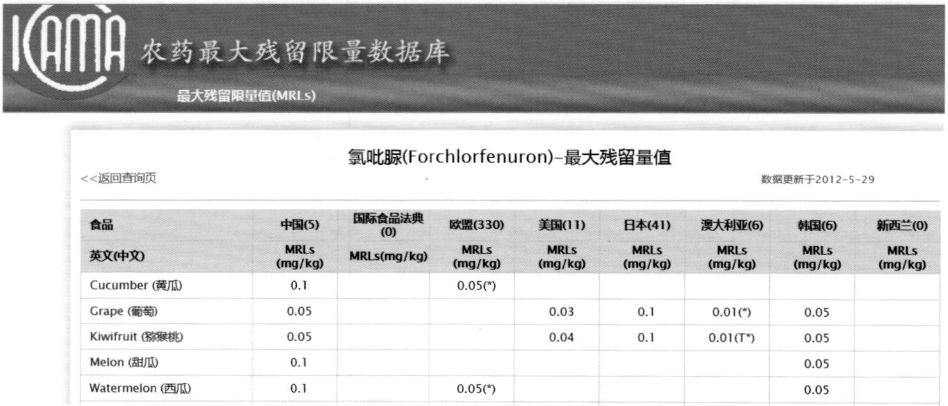

氯吡脲(Forchlorfenuron)-最大残留量值

<<返回查询页　　数据更新于2012-5-29

食品 英文(中文)	中国(5) MRLs (mg/kg)	国际食品法典(0) MRLs(mg/kg)	欧盟(330) MRLs (mg/kg)	美国(11) MRLs (mg/kg)	日本(41) MRLs (mg/kg)	澳大利亚(6) MRLs (mg/kg)	韩国(6) MRLs (mg/kg)	新西兰(0) MRLs (mg/kg)
Cucumber (黄瓜)	0.1		0.05(*)					
Grape (葡萄)	0.05			0.03	0.1	0.01(*)	0.05	
Kiwifruit (猕猴桃)	0.05			0.04	0.1	0.01(T*)	0.05	
Melon (甜瓜)	0.1						0.05	
Watermelon (西瓜)	0.1		0.05(*)				0.05	

图8-22　世界各国（地区）氯吡脲最大残留量标准

氯吡脲在红肉猕猴桃上的膨果应用技术：‘红阳’于谢花后15～25d（疏果工作完成后），用0.1%氯吡脲可溶性液剂50mL，兑水5kg以上（100倍液），浸果1次，‘东红’‘金红1号’等其他红肉品种不建议使用，确需使用时，兑水量需≥7.5kg（150倍液）（图8-23、图8-24）。禁止在30℃以上温度下用药，浓度过高可引起果实空心、畸形果等。浸果时，以确保果蒂全部浸到氯吡脲水溶液中为宜，严禁额外添加有机硅等助剂，建议使用浸果器进行浸果（图8-25）。使用氯吡脲浸果的园区，需加大肥水管理，防止植株早衰。四川成都地区，使用氯吡脲浸果的红肉猕猴桃果实正常采收期为8月下旬，比未浸果的采收期提早20d以上。

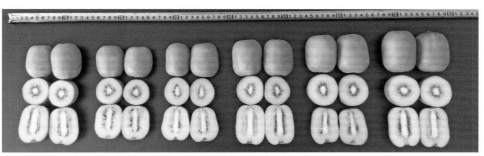

图8-23 '金红1号'使用不同浓度氯吡脲的果实（从左到右浓度依此为0、2.5mg/L、5.0mg/L、7.5mg/L、10.0mg/L、12.5mg/L）

图8-24 未使用氯吡脲的'红阳'果实（左）和'东红'果实（右图中小果）

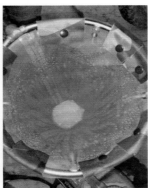

图8-25 生产上使用的浸果器具

  作者于2016年在四川成都大邑县对'红阳'施用不同浓度氯吡脲的果实品质进行了分析测试。从试验结果可以看出，同等管理水平条件下，

'红阳'的氯吡脲使用浓度为100倍液时果实品质最佳，且空心率可接受（表8-1、表8-2，图8-26、图8-27）。

表8-1 '红阳'施用不同浓度氯吡脲后果心大小及空心情况

氯吡脲用量（mg/L）	横切面果心（mm）		纵切面空心（mm）		横切面空心（mm）		空心率（%）
	长度	宽度	长度	宽度	长度	宽度	
0	12.6	6.7	9.1	4.4	4.7	2.0	12.0
2.5（400倍）	13.5	7.1	8.5	4.2	5.2	2.8	14.4
5.0（200倍）	14.6	7.5	10.2	5.4	7.1	3.9	38.9
7.5（133倍）	16.1	7.8	12.4	6.4	7.6	4.2	49.8
10.0（100倍）	15.2	8.2	12.8	6.0	6.8	4.3	52.0
12.5（80倍）	15.4	7.5	14.2	6.4	7.3	4.5	86.8

表8-2 '红阳'施用不同浓度氯吡脲后果实品质情况

氯吡脲用量（mg/L）	单果重（g）	干物质含量（%）	可溶性固形物含量（%）	总酸含量（%）	维生素C含量（mg/100g）	氯吡脲检出量（mg/kg）
0	69.5	17.7	17.4	1.18	119.1	未检出
2.5（400倍）	88.3	17.9	18.5	1.12	121.8	未检出
5.0（200倍）	105.7	18.3	18.6	1.07	117.1	未检出
7.5（133倍）	110.3	18.4	18.8	1.02	108.8	0.010 4
10.0（100倍）	114.5	18.7	18.9	1.03	104.3	0.014 0
12.5（80倍）	119.9	18.3	18.7	1.06	110.7	0.027 2

注：表中果实品质数据为达到采收标准后采收并常温条件软熟后的测试结果。

图8-26　同一果园未用氯吡脲（左）和使用稀释100倍的氯吡脲液'红阳'果实（右）

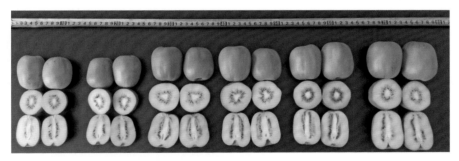

图8-27　'红阳'使用不同浓度氯吡脲的果实（从左到右浓度依此为0、2.5mg/L、

5.0mg/L、7.5mg/L、10.0mg/L、12.5mg/L）

第四节　果实套袋技术

红肉猕猴桃果面茸毛少、短，果皮较绿肉和黄肉猕猴桃薄嫩，套袋具有防止果面污染，降低果实病虫害的感染率，减少果实之间的摩擦伤疤，防止日灼，提高果实商品性等作用。因此，红肉猕猴桃生产过程中，套袋是提高果实商品性的重要措施之一。套袋后的果实果皮色泽光亮，呈绿黄色，美观无痕（图8-28）。

图8-28　'红阳'套袋（下排）与不套袋（上排）果实比较

一、果袋选择

选用耐风吹、日晒、雨淋、透气性较好的猕猴桃专用果袋。具体要求为：木浆纸，棕黄至土黄色，单层，规格12cm×16cm，嵌丝长5～6cm，袋口中央双面切口长3cm，袋底两角透气孔开口长1.5～2.5cm，袋口一侧有自带栓果铁丝。

二、套袋时期与方法

（一）套袋时期

叶幕层较好的避雨栽培园区可以不套袋。需套袋的园区，在谢花后20～40d进行套袋。套袋过晚苹小卷叶蛾为害率高，且果面风害造成的疤痕更多。

（二）套袋前准备

套袋前除了要严格疏果外，还需全园细致喷施一次杀虫杀菌剂防治病虫为害（药剂可选择：325g/L苯甲·嘧菌酯悬浮剂1 500～2 000倍液+25%寡糖·嘧霉胺悬浮剂600～1 000倍液+40%氯虫·噻虫嗪水分散粒剂3 000～5 000倍液+天然橙皮精油1 500～2 000倍液）；全园灌一次水，施一次追肥（以高钾型速效肥料为主），以利于果实迅速膨大。要整理和选好纸袋，不合格袋不能使用。套袋前要将纸袋放在室内回潮，以便使用时质地柔软，方便操作。

（三）套袋具体要求

套袋一般以在8—12时、15—19时套果为宜，这时可防止太阳暴晒。果实选定后，用左手托住纸袋，右手撑开袋口，先鼓起纸袋，打开袋底通气口，使袋口向上，套入果实，让果实处在纸袋中间，果柄套到袋口基部。封口时先将封口处搭叠小口，然后将袋口收拢并折倒，封口时不宜将铁丝折叠至果柄上，以免挤伤果柄造成果实停长。套袋时先下而上，先内后外，动作要轻缓。'红阳'套袋后效果见图8-29、图8-30。

图8-29　'红阳'套袋场景

图8-30　果农自行发明的黑色塑料薄膜套袋方式（不建议效仿）

第九章 红肉猕猴桃主要病虫害绿色防治技术

第一节 主要病害为害规律及防治方法

一、溃疡病

（一）为害特点

主要为害主干、枝蔓、叶片和花蕾。主干和枝蔓受害后在裂缝处分泌乳白色菌脓，最后流脓部位组织下陷变黑呈铁锈状溃疡斑，溢出铁锈红色胶状物，此为该病害的典型症状（图9-1至图9-4）。叶片受害呈现褪绿小点，后发展成不规则形褐色病斑，边沿有明显黄色晕圈（图9-5）。花蕾受害后，在开花前变褐枯死，花器受害，花冠变褐呈水腐状。

图9-1 猕猴桃溃疡病枝蔓为害症状

图9-2 猕猴桃溃疡病叶痕和果柄为害症状

图9-3　猕猴桃溃疡病主干为害症状

图9-4　猕猴桃接穗带菌造成嫁接或高接换种后感染

图9-5　猕猴桃溃疡病叶片为害症状

（二）发生规律

每年11—12月枝干开始发病，第2年1—3月为盛发期，4—5月侵染新梢、叶片、花蕾。溃疡病菌在病组织、土壤内越冬，主要通过风雨、昆虫、病残体、污染土壤、嫁接、苗木和接穗的运输等活动进行传播，一般从枝干传染到新梢、叶片，再从叶片传染到枝干，周而复始，形成恶性循环。

（三）防治方法

（1）早期检测苗木、砧木、穗条是否带溃疡病菌。

（2）采用避雨栽培模式，使枝干免受霜冻，减少树体伤口，隔绝外来病原菌的侵染（图9-6、图9-7）。

图9-6　避雨棚内外溃疡病发生情况

图9-7　四川避雨棚内植株连年丰产状

（3）冬季利用松尔液态药膜（配有杀菌剂和杀虫剂）对猕猴桃进行涂干，保温、隔离病虫。

（4）重症植株，直接锯干，重新培养树冠骨架或嫁接抗性品种；轻症植株，剪除发病侧枝、刮除发病部位，再用消毒剂处理伤口（图9-8）。

（5）4—5月发病高峰期，使用四霉素、噻霉酮、春雷霉素、中生菌素、丙硫唑等药剂喷施全园，从萌芽期开始喷施2～3次。

图9-8 溃疡病重症植株锯除后重新培养多主干上架

二、褐斑病

（一）为害特点

主要为害叶片。初期病斑呈圆形、褐色、边缘有褪绿晕圈，后期病斑中央灰白、边缘褐色，具有明显的轮纹，呈靶点状（图9-9），与黑斑病症状差异较大（图9-10）。在高温多雨高湿条件下，病斑由褐变黑，叶背形成大量灰黑色霉层，多个病斑愈合，叶片变黄，造成叶片提早脱落（图9-11）。

图9-9 褐斑病叶片为害症状

图9-10　黑斑病（也容易引起早期落叶）叶片为害症状

图9-11　植株大量感染褐斑病后造成早期落叶

（二）发生规律

高温高湿有利于褐斑病流行。始发期在6月底至7月初，盛发期在7月下旬至8月下旬，随后逐渐加重，8月中旬病斑扩展到整个叶片，叶片衰老、掉落枯死。病菌主要在落叶内越冬，作为第2年病害的主要侵染源，病菌孢子主要通过气流传播（图9-12）。

（三）防治方法

（1）合理规划园区内猕猴桃品种，适当选择一些中抗或高抗品种搭配种植。

（2）每年6月底至7月进行药剂统一防控。轮流使用药剂3次，采果后继续使用1~2次，药剂有唑醚·氟酰胺、嘧菌酯、唑醚·氟环唑、甲硫·嘧菌环胺、氟吡菌酰胺·肟菌酯、氟吡菌酰胺·戊唑醇、肟菌酯·戊唑醇等。

（3）避免在猕猴桃果园附近种植黄瓜、茄子、四季豆、豇豆、扁豆、蓝莓、甘薯等寄主植物。

（4）冬季对枯枝落叶进行彻底清理并深埋，认真做好清园工作，全园喷施3~5波美度石硫合剂减轻第2年褐斑病的为害。

（5）平衡营养，合理整形，加强树势。

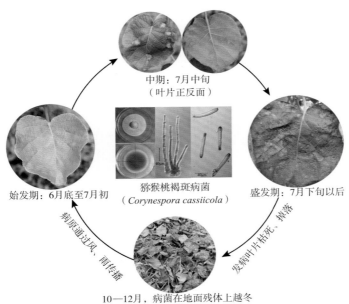

图9-12　褐斑病的发生规律示意图

三、灰霉病

（一）为害特点

可在猕猴桃生长期侵染叶片、花萼和果实。叶片发病时，沿叶脉呈"V"字形扩散，形成浅褐色坏死病斑或相间轮纹状病斑，边缘规则。高湿条件下，发病部位或叶背常常产生灰白色霉层，干燥时呈褐色干腐状，最后致叶片干枯掉落。初期在果实上产生浅褐色小斑点，随后逐渐扩展甚至覆盖全果，导致果实软腐至脱落（图9-13）。

图9-13　灰霉病为害叶片、花朵果实症状

（二）发生规律

病菌主要在病残体、土壤中越冬。病菌一般能存活4~5个月，病菌靠气流、水溅或园地管理传播（图9-14）。

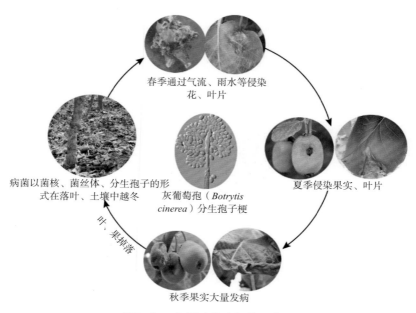

春季通过气流、雨水等侵染花、叶片

夏季侵染果实、叶片

病菌以菌核、菌丝体、分生孢子的形式在落叶、土壤中越冬

灰葡萄孢（*Botrytis cinerea*）分生孢子梗

叶、果掉落

秋季果实大量发病

图9-14 灰霉病发生规律示意图

（三）防治方法

（1）及时清除病残体；整理藤蔓，降低园内湿度；加强水肥管理，提高植株抗病性。

（2）在盛花期末施药，用扑海因（异菌脲）、抑霉唑、嘧霉胺、唑醚·啶酰菌、咪唑·氟酰胺、氟吡菌酰胺·肟菌酯、啶酰菌胺、腐霉利等。每隔7~10d喷施一次，注意轮换用药。

四、花腐病

（一）为害特点

主要为害花和幼果。首先使花瓣变褐腐烂（图9-15），雄蕊变黑褐色，在花萼上出现下凹斑块，花蕾膨大，花瓣呈橙黄色，内部器官呈深褐色，花蕾不能开放，终至脱落。感染幼果后，易引起幼果变褐萎缩，病果脱落（图9-16）。

图9-15　感染花腐病的花瓣落到叶片上对叶片造成侵染

图9-16　感染花腐病的花朵及花瓣落到果实上对果实造成侵染

（二）发生规律

多种病菌可引起花腐，主要有溃疡病菌和灰霉病菌。病原菌在树体的叶芽、花芽和土壤病残体上越冬。早春通过风雨、人工授粉等途径传播。

（三）防治方法

（1）加强果园培肥管理，及时摘除病蕾、病花。

（2）萌芽前喷施3～5波美度的石硫合剂清园。

（3）萌芽以后至花期喷施春雷霉素、扑海因（异菌脲）等进行防治。

五、根腐病

（一）为害特点

蜜环菌引起的根腐病（图9-17）：初期在根颈部皮层出现暗褐色水渍状病斑，之后皮层变黑，韧皮部脱落，木质部变褐腐烂。后期病斑向下蔓延，整个根系腐烂。潮湿时病部组织内充满白色至淡黄色的扇状菌丝层，病组织在黑暗处可发蓝绿色荧光。地上部树叶变黄脱落，部分枝条干枯乃至整株萎蔫枯死。

疫霉属真菌引起的根腐（图9-18）：病原先从根尖或者根颈部侵入，然后逐渐向内部扩展，在发病高峰或者土壤潮湿时均可见病部产生白色丝状物。该菌可造成树势严重衰弱，萌芽推迟，枝蔓顶部枯死，严重时可导致整个病株枯死。

其他原因引起的根腐：生理性根腐（如干旱、涝害、肥害等）。

图9-17　蜜环菌细菌性根腐病为害症状

图9-18　疫霉属真菌性根腐病为害症状

（二）发生规律

4—5月开始发病，7—9月是严重发生期，10月以后停止发病，高温高湿条件下病害扩展流行迅速。蜜环菌根腐病以菌丝或菌索等结构在土壤病残体中越冬，第2年春季随耕作或地下昆虫传播，可从伤口或直接侵入根系。疫霉菌根腐病以卵孢子在病残体中越冬，第2年温度转暖后卵孢子萌发产生游动孢子囊，进而释放游动孢子，游动孢子借助风雨或者流水传播，从伤口侵入组织。

（三）防治方法

（1）雨季及时开沟排水，定植不宜过深，施腐熟的有机肥。

（2）园地要选择在通透性好的沙壤土上，已建在黏土地上的猕猴桃园要深耕，掺沙改土，增施有机质。

（3）树盘施药在3月和6月中下旬，药剂有代森锌、甲霜灵·锰锌等。

六、根结线虫病

（一）为害特点

受害根系萎缩，根上形成单个或成串近圆形根瘤，或者数个根瘤融合成根结团。受害植株树势衰弱，发梢少而纤弱，叶片黄化及提前掉落。

（二）发生规律

一年发生多代，几代重叠复合侵害。雌虫将卵产于猕猴桃根内或根外的基质中越冬。2龄幼虫开始为害，从根尖处侵入并至嫩根皮层，病根形成多核的根瘤（图9-19）。幼虫在1～40cm土层中活动。主要以种苗、带病原泥土、水流、农具、人和牧畜及自身迁移等方式传播。

图9-19　根结线虫为害症状

（三）防治方法

（1）建立无病苗圃，加强检验，严禁从病区调运苗木，一经发现病苗或重病树要挖除烧毁。

（2）采用水旱轮作（水稻←→猕猴桃苗，每隔1~3年）育苗，做好土壤改良，改善土壤通透性，多施有机肥。

（3）用杀线虫剂进行土壤消毒，如噻唑膦、阿维菌素、氟吡菌酰胺等。

第二节　主要虫害为害规律及防治方法

一、介壳虫

（一）为害特点

（1）桑盾蚧。以雌成虫或若虫群集固定在枝干、叶片及果实上为害。以枝蔓受害最重，严重时整株盖满介壳，被害枝发育受阻，树势衰弱，枝条甚至全株死亡。

（2）粉蚧。为害果树嫩芽、嫩枝和果实。成虫和若虫群聚于果实梗洼处刺吸汁液，被害处出现褐色圆点，其上附着白色蜡粉，为害处组织停止生长，木栓化。嫩枝受害后，枝皮肿胀，开裂，严重者枯死。

（3）糠片盾蚧。成虫、若虫刺吸枝干、叶和果实的汁液，重者叶干枯卷缩，削弱树势甚至枯死，果实受害处有褪绿斑点。

介壳虫为害症状见图9-20。

（二）发生规律

（1）桑白盾蚧。一年发生3代，以第1代及第3代为害最重。产卵时间分别为4月上旬、6月底或7月初、9月上旬。第1代、第2代与第3代初孵若虫发生盛期分别在4月底5月初、7月中旬与9月中旬。

（2）粉蚧。一年发生3代。4月中旬孵化为第1代若虫，5月下旬至6月初成虫开始产卵。第2代、第3代若虫孵化期分别为6月中下旬、7月底至8月上旬。10月上中旬产卵越冬。

（3）糠片盾蚧。1年发生3~4代，若虫为害盛期分别为4—5月、6—7

月、8月和10月。第1代主要为害枝叶，第2代主要为害果实，7—10月发生量最大。

图9-20　介壳虫为害症状

（三）防治方法

（1）结合冬季修剪，剪除受害重的衰弱枝，集中烧毁。

（2）刷除越冬虫体、卵块。

（3）应用天敌进行防治，例如引放日本方头甲和姬小蜂等天敌防治糠片盾蚧。

（4）冬季和早春全园30%矿物油·石硫合剂杀灭越冬虫体，在若虫孵化期，使用杀虫剂进行防治。药剂有松脂酸钠、高效氯氰菊酯、吡虫·噻嗪酮、螺虫乙酯、螺虫·呋虫胺等。

二、叶蝉

（一）为害特点

（1）小绿叶蝉。成虫、若虫吸食芽、叶和枝梢汁液，叶片受害呈现失绿的灰白色斑点，严重时整个叶片苍白色，提早落叶（图9-21）。

图9-21 叶蝉为害叶片后背面症状

（2）尖凹大叶蝉。成虫和若虫喜欢聚集在叶背吸汁为害，被害叶片枯黄，极易脱落，成虫产卵在嫩梢枝条表皮下，常致该枝条枯死。

（二）发生规律

一年发生4～6代，以成虫在落叶、杂草及猕猴桃园附近常绿树上越冬，越冬成虫在第2年猕猴桃萌芽时，飞到猕猴桃上吸汁为害，6月虫口数量增加，8—9月发生为害最重。卵主要产于叶背主脉内，若虫喜群集叶背为害，11月中旬后成虫转移至越冬场所越冬。

（三）防治方法

（1）冬季清洁果园，减少越冬虫源。

（2）在成虫发生期，黄板诱杀成虫，每亩果园悬挂黄板20～25张。

（3）在第1代若虫发生期施药，施用阿维菌素、除虫菊素或吡虫啉、啶虫脒等。

三、斜纹夜蛾

（一）为害特点

以幼虫为害寄主植物叶，幼虫群集在叶背啮食叶肉，留下表皮，形成透明斑，3龄后分散为害，将叶片吃成小孔，4龄后叶肉几乎蚕食殆尽，仅留叶脉（图9-22）。

图9-22 斜纹叶蛾为害果实和叶片症状

（二）发生规律

一年发生5～6代，世代重叠。第1代幼虫发生于6月中下旬和7月中下旬。成虫昼伏夜出，白天躲藏在植物茂密的叶丛中，黄昏时飞回开花植物。成虫对光、糖醋液及发酵物质有趋性。卵多产于植物中下部叶片背面。幼虫共6龄，幼虫老熟后入土化为蛹。西南地区盛发期为4—11月。

（三）防治方法

（1）摘除卵块和捕杀幼虫。

（2）在成虫发生期，采用杀虫灯或糖醋液诱杀成虫，或性诱剂诱杀成虫。

（3）在卵孵高峰至2龄幼虫分散前展开防治，药剂有10亿PIB/mL斜纹夜蛾核型多角体病毒，或用甲氨基阿维菌素苯甲酸盐，或用苦皮藤素喷雾。

四、金龟子

（一）为害特点

成虫取食花蕾、花和叶片，将叶片取食为缺刻状（图9-23），重者将叶片吃光，严重影响产量。幼虫取食根部，叶片变黄，叶片萎蔫。

图9-23　金龟子为害叶片症状

（二）发生规律

一年发生1代，以成虫在土下30～50cm深处越冬，第2年4月上旬出土活动，4月中旬至5月上旬为害最重，群集为害花蕾、花及嫩梢等。4月中旬至5月中旬产卵，5月下旬至6月上旬为幼虫孵化盛期。幼虫生活于土下10～30cm取食植物根，8月中下旬化蛹，9月上旬成虫开始羽化，羽化成虫即在土中越冬（图9-24）。

图9-24　金龟子的幼虫和成虫

（三）防治方法

（1）利用成虫假死性，于清晨或傍晚震动枝蔓，捕杀成虫。

（2）利用成虫对糖醋液的趋性，进行糖醋液诱杀；或利用LED单波段太阳能杀虫灯诱杀成虫，波长405nm。

（3）在成虫发生期，喷施联苯·吡虫啉、辛硫磷进行防治。

第三节 绿色综合防治措施

一、防治原则

坚持"预防为主，综合防治"的方针。按照病虫害发生特点，坚持以农业防治为基础，充分采用生物、物理防治措施，可以有限度地使用低毒低残留农药进行化学防治。

二、防治方法

（一）农业防治

因地制宜，选择抗性砧木，科学施肥，合理负载，增强树势；科学整形，合理修剪，保持树冠通风透光良好。冬季清园，剪除并销毁病虫枝，清除枯枝落叶，不能移除果园的残体建议粉碎后腐熟还田（图9-25、图9-26）。土壤改良，地面覆盖，促进树体健壮生长，增强树体抗性。

图9-25 猕猴桃病枝清出园区销毁

图9-26 猕猴桃无病残体粉碎腐熟还田

（二）物理防治

根据病虫生物学特性，采取安装诱捕器、糖醋液、色板、杀虫灯以及树干缠草绳等方法诱杀害虫（图9-27、图9-28）。但色板需要在授粉前3～5d及时取除，防止其影响昆虫授粉。

图9-27　猕猴桃园早春挂黄板和诱捕器

图9-28　猕猴桃园安装太阳能杀虫灯和盖避雨棚

（三）生物防治

助迁和保护利用瓢虫、草蛉、捕食螨、赤眼蜂等害虫天敌。应用有益微生物及其代谢产物等生物制剂防治病虫害。利用害虫性信息素诱杀或干扰成虫交配。

（四）化学防治

根据病虫害的预测预报，使用高效、低毒、低残留药剂防治病虫害，优先使用生物源农药、矿物源农药，禁止使用剧毒、高毒、高残留和致畸、致癌、致突变农药。轮换使用不同作用机理农药，选用高效、先进的喷药器械。

猕猴桃上其他病虫害见图9-29。

花叶病毒病

膏药病　　　　　　　　　　　　　炭疽病

椿象　　　　　　　　　　　　　刺蛾

红蜘蛛（放大后）　　　　苹小卷叶蛾　　　　　　　跳甲

图9-29　猕猴桃上其他常见病虫害

第十章 红肉猕猴桃适时采收及采后处理技术

红肉猕猴桃成熟期早、上市早，近几年随着贵州、云南、广西等地红肉猕猴桃产业快速发展，种植区域不断南移，每年集中上市时间也由过去8月底提前至8月上中旬。但我国猕猴桃适时采收工作一直做得不好，早采现象是备受行业关注的突出问题，这在红肉猕猴桃上表现尤为突出。只有坚持适时采收才能为后期贮藏保鲜提供品质基础，才有利于产业健康持续发展。

第一节　适时采收技术

一、采前果园管理要求

采前一段时间的果园管理工作对果实品质、耐贮性、安全性影响极大。

（一）病虫管理

四川红肉猕猴桃产区每年7—8月为雨季，高温高湿的天气状况容易发生褐斑病、炭疽病、灰霉病、根腐病、斜纹叶蛾、介壳虫、蜗牛等为害（图10-1）。在做好这些病虫害防控的同时，必须保障果实采收时的安全品质。因此，在采收前20d需停止使用任何化学农药，如确需叶面喷药，可选用微生物源杀菌剂，如3%植物激活蛋白可湿性粉剂1 000倍液、3%多抗霉素可湿性粉剂500倍液、10亿活芽孢/g枯草芽孢杆菌可湿性粉剂600倍液，以及植物源杀虫剂，如0.3%印楝素水剂1 000倍液、8 000IU/mg苏云金杆菌可湿性粉剂100倍液等。

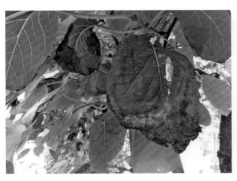

图10-1　采前灰霉病和蜗牛为害

（二）肥水管理

红肉猕猴桃投产树在采收前2个月需少施或不施氮肥，重点补充磷、钾、钙、铁肥，以提高果实品质，增强耐贮性。叶面补充磷钾可选择0.3%磷酸二氢钾，每7～10d 1次；叶面补钙可选择500倍液糖醇螯合钙或氨基酸螯合钙，每10～15d 1次；叶面补铁可选择98%螯合铁2 000倍液，每10～15d 1次（图10-2）。土壤追肥可选择高磷高钾水溶肥或黄腐酸钾水溶肥100g/（株·次），追施2次。

采前及时清沟排淤，防止园区积水。土壤潮湿地块可在采前10d左右对树盘除草降湿。采前5～7d全园严禁灌溉。

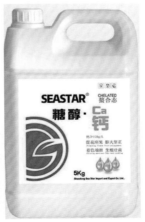

图10-2　采前可选择的叶面肥类型

（三）枝蔓管理

采前20d左右对树冠郁闭的植株进行疏枝，提高通风透光率。采前早期落叶严重或遭遇高温干旱时建议在树冠上加盖4针遮阳网（遮阳率80%），防止叶片和果实日灼损伤（图10-3）。

图10-3　采前高温期用遮阳网或秸秆为树冠遮阴

二、采收标准及指标测试方法

（一）采收标准

红肉猕猴桃适时采收时期不能单一依靠可溶性固形物含量判断，应结合果实生育期、干物质含量和果实硬度进行多指标综合判断。王瑞玲（2017）研究认为，'红实2号'最佳采收期为盛花后156～171d，此时果实干物质含量17.9%～20.2%，可溶性固形物含量7.4%～9.0%，果肉硬度10.0～12.0kg/cm^2，果肉红色等级得分3.5～5分。作者根据多年观测结果提出了四川红肉猕猴桃主栽品种适时采收指标（表10-1）和'红阳'在全国主产区的正常采收时期（表10-2）。

表10-1　四川红肉猕猴桃主栽品种适时采收指标要求

品种	果实生育期（d）	可溶性固形物含量（%）	干物质含量（%）	果实去皮硬度（kg/cm^2）
红阳	≥130	7.0～9.0	≥18.0	≥9
金红1号	≥135	7.0～9.0	≥18.0	≥10
东红	≥140	7.5～9.0	≥18.0	≥10
红实2号	≥150	7.5～9.0	≥18.0	≥10

表10-2　红肉猕猴桃主栽品种'红阳'在全国主产区采收时期

省份	主产区（市、县）	盛花期	果实正常采收上市期
云南	屏边县、西畴县、石屏县等	3月下旬	8月上旬
广西	兴安县、乐业县、资源县等	4月上旬	8月中旬
贵州	水城县、钟山区、盘州市、六枝区等	4月上旬	8月中旬
四川	苍溪县、昭化区、都江堰市、蒲江县、沐川县等	4月中旬	8月下旬至9月上旬
重庆	黔江区、开县、秀山县等	4月下旬	9月上旬
陕西	安康市、城固县	4月下旬	9月中旬

注：表中正常采收上市期适用于生产中按规范使用了氯吡脲的'红阳'果实。

（二）采收指标测试方法

（1）果实生育期计算方法。从授粉当天开始至采收当天所经历的生长天数，即为果实生育期。每个产区因花期不同，果实适宜采收期存在一定差异。

（2）果实可溶性固形物含量测试方法。果实生育期满前10d开始取样，每2d 1次，选择在晴天9—11时或15—17时采样。根据猕猴桃基地的规模、布局、地形、地势合理安排抽样点和取样量，抽样点应不少于5个，每个抽样点1～3株树（标记好，用于固定采样），每株树随机取2～3个果实。可选用操作较简便的单对角线式取样法，即在猕猴桃基地的某条对角线上，按一定距离选定所需要的全部样点，也可根据果园的实地情况自行选用五点式、棋盘式或"Z"字形等抽样方法进行多点取样（图10-4）。所取样品需在1h内测定。测定时从每个猕猴桃果实两端分别切下1.5cm宽，挤出果实两端部位的果汁，混匀后用胶头滴管吸取2滴，用数显式糖度计（PAL-1，日本Atago公司）或手持折光仪测定，以%表示（图10-5）。所有果实测试结果计算平均值。

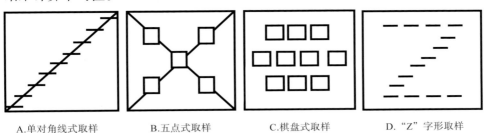

A.单对角线式取样　　　B.五点式取样　　　C.棋盘式取样　　　D."Z"字形取样

图10-4　田间调查取样方法示意图

图10-5 猕猴桃果实可溶性固形物含量测试方法示意图

注：果实两端测试结果求平均值或分别取果汁混匀测试。

（3）果实去皮硬度测定方法。从果实中部选择两个对应面，用削皮器在选定的位置削去一层果皮，保证削面平整，削皮时尽可能少损及果肉，削皮面积略大于所使用的硬度计测头面积即可，再用硬度计进行测试（图10-6）。

图10-6 猕猴桃果实硬度测试方法示意图

（4）果实干物质含量测定方法。用测试可溶固形物含量剩余的果实，沿中部横切面均匀切取2mm厚的薄片，称重后放入65℃烘箱内恒温烘干（8h左右），取出再称重，取平均值（图10-7）。计算方法为：干物质含量（%）=干重/鲜重×100。

图10-7　猕猴桃干物质含量测试方法示意图

三、采收方法

确定果实达到采收标准后，选择晴天的早晚天气凉爽时或多云天气时进行采收。采收者需先剪指甲、戴手套，最好使用专用的猕猴桃采收布袋采收（图10-8）。采收全过程，轻拿轻放。采摘后用周转框分装并及时将果实运送至通风阴凉处进行愈伤24h，以备机械或人工分级分选（图10-9、图10-10）。

图10-8　国外猕猴桃采收场景

图10-9　国外猕猴桃采收转运箱

图10-10　国外猕猴桃采收后机械转运场景

第二节　分级包装技术

一、分级标准

分级时，首先剔除病虫果、腐烂果、畸形果和受伤果，然后按单果重进行分级（图10-11）。目前各地分级标准不一。按照NY/T 1794—2009猕猴桃等级规格要求，可分为3个等级：小果（≤80g）、中果（80～100g）、大果（≥100g）（图10-12）。

图10-11　猕猴桃人工分选与机械分选

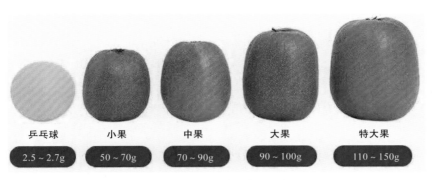

乒乓球	小果	中果	大果	特大果
2.5～2.7g	50～70g	70～90g	90～100g	110～150g

图10-12 不同等级的红肉猕猴桃果实

但四川苍溪县为科学引导种植户少用甚至不用氯吡脲浸果,在红肉猕猴桃分级时,定为3级:特级果80～90g;一级果90～120g、70～80g;二级果60～70g、120～140g。其中一级果和特级果果园收购最高价达50元/kg。60g以下和140g以上的为等外级。所有商品果实要求无病虫、无畸形、无日灼。果形呈圆柱形,果皮色泽黄绿色,果肉色泽黄肉红心。

二、包装堆码

包装方法分为3种情况:一是用于长期冷库贮藏保鲜的,这类果实分级完成后于塑料箱内套无毒塑料袋,将果实直接放入无毒塑料袋内,加入保鲜剂,即完成包装任务。二是现销包装,这种包装要充分考虑到'红阳'猕猴桃皮薄易擦伤的特点,最好用泡沫果套单个包好,放在专门制作的塑料果盘的凹中,用专用无毒塑料膜覆盖保鲜,后装入纸箱内存入预冷室待售。三是短期贮藏保鲜,随存随卖包装,鲜果用泡沫果套单个包好,然后轻轻地分3～5层摆放在包装箱中的PE或PVC塑料膜袋中,最后封袋及时运往冷库保鲜做短期贮藏。

目前使用最普遍的包装为托盘扁纸盒(图10-13),纸盒中白色塑料托盘可避免果实擦伤,聚乙烯薄膜(1μm)可保持箱内相对湿度。这类包装利于码放,托盘堆码方式一般为一层8箱,共32层。堆码整齐后,经过捆扎就可以直接运输或者是进入冷库贮藏(图10-14)。

图10-13　红肉猕猴桃常用包装盒

图10-14　猕猴桃堆码入库

第三节　贮藏保鲜技术

一、贮藏条件

红肉猕猴桃贮藏参数见表10-3。

表10-3　红肉猕猴桃贮藏参数

果实预冷参数	普通冷库贮藏参数	气调库贮藏参数
在预冷库中采取15℃ 8h、10℃ 8h、5℃ 8h进行阶梯式降温，24h后测试果心温度达到5℃左右即可	库温（1.0±0.5）℃，空气相对湿度90%～95%	库温、空气湿度与普通冷库一致。同时O_2浓度为2%～3%，CO_2浓度为3%～5%，乙烯阈值为0.02μL/L、饱和值为10μL/L

红肉猕猴桃果实刚采收时的硬度为10～13kg/cm^2,手感硬。在0℃的贮藏条件下,果实硬度大致可保持原始值4～5d,然后迅速下降。在贮藏4周时下降到4kg/cm^{2}左右;此后硬度缓慢下降,到16～20周时达到最低出库硬度2kg/cm^2,并大致保持这个硬度直到24周左右。在气调库贮藏中,果实最长可保存4～8个月甚至1年。

二、贮藏方法

入库前需对制冷设备检修调试。对库房及包装材料进行灭菌、消毒、灭鼠处理,然后及时通风换气。库房温度预先3～5d降至目标温度,使库房充分预冷。气调库还需检查库体气密性(图10-15、图10-16)。

图10-15 猕猴桃小型冷库

图10-16 猕猴桃大型冷库

每日入库量不超过库容量的25%，库房温度不能回温至20℃以上，每间库房入库装载时间连续不超过5d，每间库房装载结束后，应在3d内将库温降低并稳定在目标温度。

果实进库完成后，每天检查贮藏参数是否稳定，每3d用$3mg/cm^3$臭氧进行一次库房杀菌，并定期抽取一定数量样品对腐烂果率、果肉硬度、可溶性固形物含量分别进行检测。检测周期为：入库后40d内每10d一次，40d后每7d一次，3个月后每5d一次。

出库遵循先进先出，早采果先出库销售。对接冷链运输的果子不需回温，常温运输销售的果子应出库摊晾回温后再包装。出库包装时应剔除烂果，避免机械伤产生。

第十一章 红肉猕猴桃设施栽培技术

设施栽培是果树栽培的一种特殊形式，也称果树保护地栽培，是指在不适宜或不完全适宜果树生长的自然生态条件下，将某些果树置于人工保护设施之内，创造适宜果树生长的小气候环境，使其不受或少受自然季节的影响而进行的果树生产方式。设施栽培在草莓、葡萄、桃、杏、李、樱桃、树莓等应用广泛，并且成为多数果树产区的主推技术之一。猕猴桃设施栽培起步较晚，但因在猕猴桃溃疡病防控上具有突出效果，近年在四川、浙江等红肉猕猴桃主产区推广应用速度非常快，也被业界称为"避雨栽培"。

四川于2009年开始在红肉猕猴桃上试验"简易竹木棚架"设施栽培技术，当年试验面积仅0.3亩，但因试验地很好地解决了花期阴雨天气对授粉的影响，植株坐果率高、果形端正美观，得到种植户认可。2010年开始，四川逐步增加试验示范面积，发现"避雨棚+肥水一体化"为主的设施栽培方式不仅对红肉猕猴桃的增产增收效果显著，且对溃疡病防效突出。2016年以来，四川政、产、学、研、用联动，在红肉猕猴桃产区大面积推广应用设施栽培技术，为红肉猕猴桃产业健康持续发展发挥了重要作用。本章主要介绍了适宜不同立地条件的棚架主要类型及搭建技术，设施栽培对果园环境、果实品质的影响，以及避雨条件下的配套栽培管理技术。

第一节　设施棚架主要类型及搭建技术

一、简易竹木拱棚

（一）主要参数

选择直径≥10cm直立木桩，土下埋50cm深，地面高度2.5m，木桩间距

3m，行距3m。木桩之间用中梁直木棒钉牢，木桩地面上2.2m处横向钉一根长度2.2~2.3m垂直于木桩的支撑横木棒，横木棒拉通相连，直径≥5cm，横木棒中间左右两边等距离各钉一根支撑斜木条，斜木条直径≥5cm，下端交叉钉牢在木桩上，斜木条起到支撑和固定作用。横木棒两端各钉一根拉通相连的棚边直木条，直径≥5cm。用宽度≥3cm竹片绑在左右横木条和直木棒上方，竹片间距1m，形成拱。薄膜厚度≥0.08mm。亩成本3 000~4 000元。

（二）主要优点

建造成本较低，适宜各类地形，竹木等可就地取材，易搭建，高度可自由调整，盖膜操作方便（图11-1）。

图11-1　简易竹木拱棚设计与实际应用

（三）主要缺点

抗风雪能力差，骨干支撑材料寿命最多3年，因棚架矮，夏季高温时需加强枝蔓管理。

二、简易钢架拱棚

（一）主要参数

每1~2行为一个单棚，考虑稳固性，不超过20个单棚相连为一个单元连棚。位于栽培行中间的主立柱高度3.5~4m，间距3~4m；位于连棚两侧和天沟中央两端的侧立柱高度2.8~3m，主立柱和侧立柱为镀锌钢管，直径不低于50mm，壁厚不低于1.5mm。棚顶顺行一排钢管，每个单棚两边各一根棚边钢管，每根立柱有一个横向连接钢管，均为直径25~32mm、壁厚1.5mm的镀锌钢管，长度不超过60m。为方便农事操作和机械进出，可以在正面设置一根横向通道钢管，直径40~50mm、壁厚1.5~2mm；每个单元连棚四周、天沟正面通道钢管（或侧立柱）与背面侧立柱之间以钢丝绳相连接；位于四周边上的主立柱和侧立柱从顶端到地面，拉一根斜拉钢丝绳，所有钢丝绳直径不低于4mm；所有立柱钢管、斜拉钢丝绳下必须有40cm×40cm×40cm水泥桩，斜拉钢丝绳与水泥桩之间用花篮螺丝拉紧。棚边钢管和棚顶钢管上用Φ25mm×1.2mm镀锌钢管弯曲成撑膜弯拱，间距1~1.2m，或用直径不低于5mm的铝包钢筋弯曲成撑膜弯拱，间距不超过0.5m。棚架上盖普通PE或PP薄膜，厚度不低于0.12mm，膜边用钢丝或夹子绑紧，至少每隔6m在膜上加两根相交叉的压膜绳。亩成本23 000~25 000元。

（二）主要优点

结构较稳固，抗风雪能力较强，棚膜使用寿命3~5年，棚架寿命5~7年（图11-2）。

（三）主要缺点

建设周期较长，成本较高，换膜或清洗薄膜不太方便。

图11-2 简易钢架拱棚设计及实际应用

三、标准钢架拱棚

（一）主要参数

大棚为东西向，长度可依地块而定。大棚肩高为4.2m，脊高为6m，拱杆间距1.3m，横拉杆间距4m，大棚建造跨度可达8m，地块边缘可根据地形适当调整跨度，控制在6～8m，如跨度过小，投入成本过高，钢材浪费较大，如跨度超9m，需增设中立柱。棚架顶端最好设置通风口。温室框架结构主要由基础、立柱、拱杆、纵杆、横拉杆、天沟等组成。基础采用C25钢筋混凝土，全部为点式基础，尺寸为50cm×50cm×50cm，埋深50cm；立柱采用Φ60mm×2.5mm热镀锌钢管；拱杆采用Φ32mm×1.8mm热镀锌钢管；纵杆采用Φ25mm×1.8mm热镀锌钢管；横拉杆采用Φ32mm×1.8mm热镀锌钢管。卡槽使用温室专用1.0mm热镀锌板卡槽；卡簧使用温室专用2.7mm浸塑碳素钢丝；覆盖材料采用三层共挤无滴膜，厚度0.12mm，薄膜初始透光率90%，使用寿命5年；压膜线采用8号耐老化聚乙烯塑料绳。天沟采用2.2mm冷弯镀锌板，大截面可抗140mm/h的雨量，天沟与天沟使用防水专用黏接剂，每条天沟单向排水，通过排水管道导入排水沟。亩成本30 000～40 000元。

（二）主要优点

结构稳固，抗风雪能力强，棚架使用寿命8～10年（图11-3）。

图11-3　标准钢架拱棚设计及实际应用

（三）主要缺点

建设周期长，成本高，埋设立柱时对果园土壤有一定破坏，换膜或清洗薄膜不方便。

四、夯链复膜屋脊棚

（一）主要参数

棚宽4～6m、顶高4～4.5m、肩高2.8～3m。夯压基桩代替水泥桩，基桩地下深度≥80cm，基桩与立柱间以自攻螺丝固定，纵向同侧立柱顶端以钢丝绳相连接，横向立柱间以钢丝绳和钢丝相连接，形成"十"字连接并与斜拉基桩连接。新建园在立柱上用特制卡件在高度1.7m位置拉架面钢丝或钢丝绳。立柱钢管顶端有特制抗老化顶帽，棚宽4m以下为单幅棚膜，4m以上为双幅棚膜，双幅棚膜顶端和模块之间以扣眼重叠相连，棚膜扣眼以挂钩和抗老化橡筋跟天沟或边沟立柱顶端的钢丝绳连接。天沟和边沟留有防高温通风和积雨保墒通道。亩成本16 000～18 000元。

（二）主要优点

不挖基坑，建设周期短，抗风雪强，棚膜使用寿命3～5年，棚架寿命10年以上，收放较方便（图11-4）。

（三）主要缺点

会一定程度影响园区机械化操作。

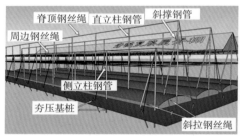
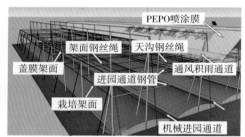

图11-4　夯链复膜屋脊棚设计及实际应用

五、棚架搭建相关要求

（一）建棚选址要求

宜选择平坝区、台地或缓坡地建棚。常年刮大风的迎风口不宜搭建避雨设施大棚。建棚后为减少风害概率，建议在园区周围配套防风林。

（二）建棚时间要求

最好在冬季低温来临前完成建棚盖膜工作。四川红肉猕猴桃产区棚架搭建时间以10月底至11月上中旬为宜（秋施基肥后），11月底前完成盖膜。采取简易竹木拱棚方式的，建议在5—7月揭膜降温；采取钢架拱棚方式的，可以考虑建造时加设卷膜开窗系统，在5—7月，及时开天窗降温；采取夯链复膜屋脊棚方式的，最好能做到棚膜收放都方便。

第二节　建棚后对果园环境、红肉猕猴桃
生长及果实品质的影响

一、棚内外空气温湿度及光照强度差异

（一）溃疡病发生高峰期棚内外空气温湿度比较

2012年12月至2013年11月，作者用温湿度自动记录仪对都江堰市胥家镇金胜社区红阳猕猴桃园（$31°01'60''N$，$103°43'01''E$，海拔657m）棚内外空气温湿度进行了定点观测，该棚建于2011年4月，为标准钢架大棚，建棚参数详见第一节第3点。当地溃疡病发生高峰时间段（2012年12月10日至2013年3月7日）棚内外日均空气温湿度变化规律见图11-5和图11-6。

从图11-5可知，12月10日至3月7日，棚内日平均气温均高于棚外，平均高出1.96℃，以1月12日温差最大，为3.90℃；2月3—16日，棚内外气温存在一个明显下降期，该时期正值当年倒春寒来临期，棚外日平均气温仅为1.26～8.17℃，棚内则为4.42～10.65℃，比棚外平均高出2.21℃；2月22—25日，棚内外气温均明显回升，但棚外回升速度快于棚内。由此可见，避雨设施棚在低温时期对猕猴桃园空气温度的提升效果较明显。

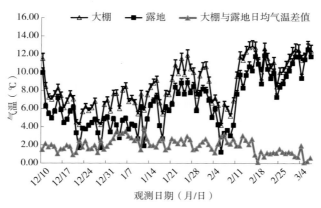

图11-5　溃疡病高发时间段棚内外气温变化规律

从图11-6可知，12月10日至3月7日，棚内日均空气相对湿度均高于露地，平均高出7.24个百分点，以1月19日差值最大（高出21.66个百分点）。但从整个时间段的空气相对湿度变化规律可以看出，棚外受自然天气影响，空气湿度变化幅度比棚内稍大，说明盖棚后，棚内空气骤干骤湿现象得到一定缓解。

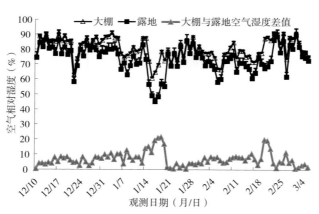

图11-6　溃疡病高发时间段棚内外空气湿度变化规律

（二）棚内外树冠上下光照强度和温度差异

2019年5月7日（阴天），作者对都江堰市胥家镇金胜社区不同避雨棚内外和同种避雨棚不同建棚年份树冠上下的光照、温度差异进行了测试

（图11-7）。从表11-1可以看出，不同避雨方式下，树冠上、下温度和光照强度均以夯链复膜屋脊棚最高，其次为连栋钢架拱棚，且均低于露地。从树冠上下差值看，连栋钢架拱棚树冠上温度和光照强度分别比树冠下高0.23℃和7 566lx；但夯链复膜屋脊棚树冠上温度比树冠下低0.53℃，光照强度高6 803.33lx。从连栋钢架拱棚不同建棚年份的测试结果看，随着建棚年份增加，树冠上下的温度、光照强度越低，但树冠上下的温度差值和光照强度差值逐渐增加。这可能与建棚越早，猕猴桃植株受溃疡病为害显著下降，植株长势得到恢复，树冠透光率下降有关（图11-8）。

图11-7 棚内温湿度自动记录仪安装与观测

表11-1 不同避雨方式和同种避雨棚不同建棚年份树冠上下光照、温度差异

测试指标		2018年3月建连栋钢架拱棚	2019年3月建夯链复膜屋脊棚	露地（CK）	2019年3月盖膜	2018年1月盖膜	2017年1月盖膜
树冠上	温度（℃）	20.80	22.30	23.73	23.30	23.03	22.17
	光强（lx）	12 943.33	16 040.00	24 706.67	13 803.33	12 333.33	11 883.33
树冠下	温度（℃）	20.57	22.83	23.90	23.17	22.67	21.40
	光强（lx）	5 377.33	9 236.67	16 706.67	5 811.67	1 415.33	924.67
树冠上下差值	温度（℃）	0.23	-0.53	-0.17	0.13	0.37	0.77
	光强（lx）	7 566.00	6 803.33	8 000.00	7 991.67	10 918.00	10 958.67

注：表中不同年份建的同种类型棚为连栋钢架拱棚。

图11-8　棚膜使用2年后透光率有明显下降

二、棚内外土壤理化性质差异

（一）建棚后第3年棚内外猕猴桃园土壤理化指标差异

2017年2月，作者对都江堰市胥家镇金胜社区同一红阳猕猴桃园棚内、棚外0~20cm土壤进行了理化指标分析，该园区20亩避雨设施棚建于2014年1月，为简易钢架大棚，建棚参数详见第一节第2点，露地对照园区面积60亩。检测结果见表11-2。从表11-2可以看出，棚内外土壤全氮、全磷、全钾含量差异不大，但棚内土壤pH值比棚外有明显增加（提高18.69%），这可能与整个冬季棚内空气温度稍高，土壤蒸发量大造成盐分上浮，以及采样时土壤偏干有很大关系。另外，棚内土壤中有机质、碱解氮、有效磷、速效钾、有效硼以及交换性钙镁含量均高于棚外，这可能与棚内土壤养分流失少，以及日常管理过程中棚内生草覆盖、水肥一体化管理对土壤生态的改良有关。

表11-2　棚内外土壤理化性质差异

处理	pH值	有机质（%）	全氮（g/kg）	全磷（g/kg）	全钾（g/kg）	碱解氮（mg/kg）	有效磷（mg/kg）	速效钾（mg/kg）	有效硼（mg/kg）	交换性钙[cmol（1/2 Ca²⁺）/kg]	交换性镁[cmol（1/2 Ca²⁺）/kg]
露地	4.87	3.58	2.37	1.37	19.69	173	118.2	206	0.67	5.1	0.9
棚内	5.78	4.28	2.64	1.59	19.87	203	164	549	1.4	10.9	1.5

（二）建棚方式对棚内外土壤温湿度的影响

2019年4—5月，选择晴天和阴雨天，作者测试了都江堰市胥家镇金胜社区同一红阳猕猴桃园不同建棚方式下表层土壤pH值、EC值、温度和相对湿度。该园区避雨棚有两种，其中连栋标准钢架大棚15亩，建于2018年1月，建造参数见第一节第3点；夯链复膜屋脊棚5亩，建于2019年1月，建造参数见第一节第4点；露地对照园面积5亩。从表11-3可以看出，不同天气情况下，各处理棚内外土壤指标存在明显差异。无论晴天还是阴雨天，棚内土壤pH值、EC值均高于棚外，且阴雨天比晴天差距大。而土壤温度和相对湿度表现出不一样的规律，晴天时，连栋钢架拱棚内土壤温度比棚外低1.87～3.16℃（夯链复膜屋脊棚与露地接近），阴雨天时连栋钢架拱棚内土壤温度比棚外高0.73～1.7℃（夯链复膜屋脊棚比露地高0.5～1.13℃）；晴天时，棚内表层土壤湿度比棚外高0.67～14个百分点，阴雨天时，棚内表层土壤湿度比棚外低13～16.67个百分点。这种明显差异除了与建棚造成的生态改变密切相关外，还可能与棚内树盘采取松针覆盖、行间生草等配套管理措施有紧密关系。但可以明确的是，采取"避雨设施棚+树盘覆盖+行间生草"可以有效防止高温晴天棚内土壤快速蒸发，造成EC值的陡增，从而减少根系损伤。

表11-3　建棚方式对猕猴桃园表层土壤pH值、EC值、温度和相对湿度的影响

调查日期	处理方式	5cm土层				15cm土层			
		pH值	EC值	温度（℃）	相对湿度（%）	pH值	EC值	温度（℃）	相对湿度（%）
2019年4月21日晴天	连栋钢架拱棚	7.43	0.30	18.07	88.00	6.97	0.30	17.50	87.44
	夯链复膜屋脊棚	7.40	0.27	21.17	81.67	6.53	0.23	20.17	79.00
	露地	7.17	0.17	21.23	74.00	6.47	0.17	19.37	78.33
2019年5月7日阴雨天	连栋钢架拱棚	7.37	0.43	16.63	85.67	6.77	0.40	16.40	87.67
	夯链复膜屋脊棚	7.37	0.23	16.40	81.00	6.97	0.22	15.83	78.00
	露地	6.27	0.10	15.90	97.67	6.19	0.10	14.70	91.67

三、棚内外猕猴桃植株物候期差异

2012—2015年，作者对都江堰市胥家镇金胜社区同一'红阳'猕猴桃园棚内外植株物候期进行了观测，该棚建于2011年4月，为标准钢架大棚，建棚参数详见第一节第3点。从表11-4可以看出，建棚第2年，因棚膜透光率好，棚内温度高，植株萌芽、开花等物候期比棚外早2~3d，果实采收期比棚外早4d，但落叶期推迟10d。建棚4年后，棚内物候期提早现象被逆转（表11-5），从调查结果看，棚内萌芽、开花等物候期反而比棚外推迟1~2d，果实采收期比棚外推迟3d，但落叶期棚内比棚外推迟12d。因此，建议建棚后每年对棚膜进行1次清洗，改善棚膜透光率，满足猕猴桃植株对光照的需求，或通过人工补光措施（如安装补光灯或地面铺反光膜灯）以弥补光照不足可能带来的花芽分化质量差、果实品质下降等问题。

表11-4　建棚第2年棚内外'红阳'猕猴桃植株物候期比较（日/月）

处理	伤流始期	萌芽期	展叶期	始花期	盛花期	终花期	果实采收期	落叶期
连栋钢架拱棚	4/2	15/2	26/2	10/4	12/4	17/4	25/8	20/11
露地	6/2	18/2	28/2	13/4	15/4	20/4	29/8	10/11

表11-5　建棚第4年棚内外'红阳'猕猴桃植株物候期比较（日/月）

处理	伤流始期	萌芽期	展叶期	始花期	盛花期	终花期	果实采收期	落叶期
连栋钢架拱棚	14/2	23/2	6/3	19/4	21/4	24/4	1/9	23/11
露地	13/2	21/2	5/3	18/4	20/4	23/4	29/8	11/11

四、棚内外猕猴桃枝蔓生长发育情况比较

2019年4—8月，作者测试了都江堰市胥家镇金胜社区同一'红阳'猕猴桃园不同建棚方式下枝蔓生长发育及叶片生理指标，该试验点基本情况与第二节第2点测试土壤温湿度园区一致。从表11-6可以看出，无论是结果枝数量，还是同时期结果枝长度、粗度，均以2018年3月建的连栋钢架拱棚最大，其次为2019年3月建的夯链复膜屋脊棚，露地最低。由此看来，建棚后

植株生长量较露地有较大幅度提高，这可能与棚内温度较高、物候期提前和肥水条件较好有关。

表11-6　不同避雨棚枝梢生长情况调查

测试指标		2018年3月建 连栋钢架拱棚（MS）	2019年3月建 夯链复膜屋脊棚（RS）	露地 （CK）
	结果枝数量（个/株）	77.40（增加61%）	62.40（增加30%）	47.80
2019年 4月21日	结果枝长度（cm）	98.20	69.30	53.05
	结果枝粗度（mm）	9.21	8.35	8.12
2019年 5月7日	结果枝长度（cm）	173.90（增加60%）	123.50（增加13%）	108.50
	结果枝粗度（mm）	10.21（增加14%）	9.40（增加5%）	8.93

不同建棚方式下'红阳'猕猴桃百叶重变化趋势见图11-9。从图11-9可以看出，4月25日至8月30日连栋钢架拱棚和夯链复膜屋脊棚栽培下红阳猕猴桃百叶重均显著高于CK，分别较CK增加了12.4%~48.6%和5.41%~25.3%。

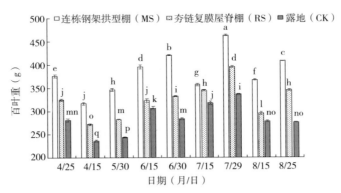

图11-9　设施栽培对'红阳'猕猴桃百叶重的影响

不同建棚方式下'红阳'猕猴桃叶片叶绿素总量变化趋势见图11-10，从图11-10可知，4月25日至8月25日连栋钢架拱棚和夯链复膜屋脊棚栽培下'红阳'猕猴桃叶片叶绿素总量均高于CK，分别增加了7.28%～113%和4.68%～23.7%。但夯链复膜屋脊棚与CK之间差异不显著。

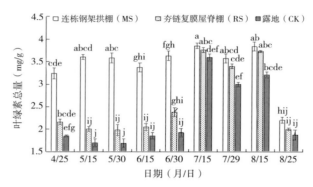

图11-10 设施栽培对'红阳'猕猴桃叶片叶绿素总量的影响

五、棚内外猕猴桃果实产量与品质差异

（一）连续多年建棚对猕猴桃产量及经济效益的影响

作者对都江堰市胥家镇金胜社区棚内外'红阳'猕猴桃园连续8年来的产量和效益情况进行了比较分析，该棚建于2011年4月，为标准钢架大棚，建棚参数详见第一节第3点。从表11-7可以看出，盖棚当年虽然增加了3.87万元/亩投入，但因后期溃疡病为害显著减轻，亩产量维持在1 600kg/亩以上，且品质好，售价高，10年来累计比棚外增加纯收入20.19万元/亩。

（二）棚内外猕猴桃果实品质差异

2014年，作者测试了建标准钢架拱棚第4年棚内外果实品质差异。从表11-8可以看出，棚内平均单果重比棚外高10.9g，可溶性固形物含量比棚外高1.8个百分点，可溶性总糖含量比棚外高1.42个百分点，维生素C含量比棚外高26.2mg/100g，但因可滴定酸含量比棚外高，棚内果实糖酸比比棚外低0.46。

表11-7　棚内外猕猴桃果实产量及经济效益差异

| 年份 | 棚内 | | | | | | 棚外 | | | | | | 棚内外收入差 (元/亩) |
	投入 (元/亩)	产量 (斤/亩)	单价 (元/斤)	产值 (元/亩)	纯利 (元/亩)		投入 (元/亩)	产量 (斤/亩)	单价 (元/斤)	产值 (元/亩)	纯利 (元/亩)		
2011	7 100	5 060	10.5	53 130	46 030		6 100	3 500	9.2	32 200	26 100		19 930
2012	45 000	4 830	10	48 300	3 300		6 200	3 200	8.4	26 880	20 680		-17 380
2013	6 850	4 600	9.8	45 080	38 230		6 400	3 900	8.8	34 320	27 920		10 310
2014	6 200	4 100	10.7	43 870	37 670		6 150	3 250	9.2	29 900	23 750		13 920
2015	6 400	4 330	12	51 960	45 560		5 040	3 050	8.1	24 705	19 665		25 895
2016	6 050	4 100	9	36 900	30 850		5 700	2 700	8.3	22 410	16 710		14 140
2017	5 850	4 400	13	57 200	51 350		6 100	2 400	8.7	20 880	14 780		36 570
2018	5 900	3 600	12	43 200	37 300		5 000	1 500	8.5	12 750	7 750		29 550
2019	6 030	3 200	12	38 400	32 370		4 215	1 200	4.5	5 400	1 185		31 185
2020	4 890	3 800	12	45 600	40 710		3 520	1 000	6.5	6 500	2 980		37 730
合计	100 270	42 020		463 640	363 370		54 425	25 700		215 945	161 520		201 850

注：表中数据由农户根据实际情况提供，品种为红阳；1斤=0.5kg。

表11-8　棚内外猕猴桃果实软熟后内在品质差异

处理	平均单果重（g）	可溶性固形物（%）	可溶性总糖（%）	可滴定总酸（%）	糖酸比	维生素C（mg/100g）
棚内	99.4	19.1	12.31	0.847	14.53	130.1
棚外	88.5	17.3	10.89	0.718	15.17	103.9

注：果实均未套袋。

（三）棚内铺反光膜对猕猴桃果实品质的影响

为探讨棚内铺反光膜的提质增效情况，2015年6月底（果实套袋后），作者在棚内红阳猕猴桃树两侧厢面上覆盖宽90cm银色反光膜，果实采摘前一天揭膜，采后测试了果实软熟后关键品质指标。从表11-9可以看出，棚内铺反光膜后，果实单果重增加13.32g，可溶性固形物含量增加1.05个百分点，果实软熟后同时期硬度增加0.1kg/cm²，但果实横剖面色度角比棚内地面不铺反光膜低2.84°。说明在棚内铺银色反光膜有利于改善果实品质（图11-11）。

表11-9　棚内铺反光膜对猕猴桃果实品质的影响

处理	果实横剖面色度角（$h°$）	果实软熟后硬度（kg/cm²）	可溶性固形物（%）	单果重（g）
棚内地面铺反光膜	91.94	0.48	17.83	106.5
棚内地面不铺反光膜	94.78	0.38	16.78	93.18

注：$h*$=0°为紫色，$h*$=90°为黄色，$h*$=180°为绿色。$h*$>100°时，$h*$值越大，果实绿色越深；$h*$<50°时，$h*$值越小，红色越深。

图11-11　棚内（左）和棚外（右）铺反光膜试验场景

六、棚内外猕猴桃病虫害发生情况差异

（一）溃疡病防控效果调查

2014—2016年，作者对都江堰市胥家镇金胜社区同一'红阳'猕猴桃园棚内外溃疡病发生情况进行了调查，建棚为简易钢架大棚。从表11-10可知，同样的管理水平下，建棚当年棚内外溃疡病发生株率存在显著差异，病情指数存在极显著差异，说明第1年防效已凸显。但随着年份增加，避雨棚内溃疡病发生株率和病情指数显著下降，棚外则维持在较高水平（图11-12）。

表11-10　避雨栽培对溃疡病发生的影响

调查时间	处理	平均发病株率（%）			平均病情指数		
2014年4月20日 （建棚第1年）	避雨栽培	10.04	b	A	8.21	b	B
	露地栽培（CK）	27.23	a	A	21.36	a	A
2015年4月23日 （建棚第2年）	避雨栽培	3.12	b	B	0.54	b	B
	露地栽培（CK）	29.88	a	A	26.15	a	A
2016年4月19日 （建棚第3年）	避雨栽培	0.0	b	B	0.00	b	B
	露地栽培（CK）	26.7	a	A	15.83	a	A

图11-12　棚内（左）和棚外（右）猕猴桃植株溃疡病发生情况对比

（二）褐斑病防控效果调查

2017年，作者调查了四川省两个避雨设施栽培示范点'红阳'猕猴桃叶片褐斑病发生情况，从表11-11可以看出，棚内褐斑病病情指数比棚外低得多，与两对照相比，棚内褐斑病防效显著。这可能正是棚内萌芽期和花期提早，但落叶期却有所推迟的主要原因（图11-13）。

表11-11　棚内外'红阳'猕猴桃褐斑病发生情况对比

试验地点	褐斑病病情指数			棚内褐斑病相对防效（%）	
	避雨棚内	CK1	CK2	相对CK1	相对CK2
都江堰市胥家镇	9	47	48	80	80
雅安市中里镇	2	52	68	96	97

注：CK1为棚外常规喷药对照，CK2为棚外未喷药对照。

图11-13　棚内植株11月底（此时已开始冬季修剪）老叶仍未掉落

（三）周年用药情况调查

作者对四川省'红阳'猕猴桃园棚内外周年用药情况进行了调查。从表11-12可以看出，棚内用药次数较棚外少3～4次，因每次用药浓度较棚外有所降低，用药成本减少3.9～4.2元/（亩·次），全年亩用药成本节省100元以上，减少幅度为38.93%～50.44%。

表11-12　棚内外周年施药次数及用药成本调查

调查地点	处理	周年用药次数	平均每次用药成本（元/亩）	亩用药成本（元）
都江堰市胥家镇	棚内	8	22	176
	棚外	11	26.2	288.2
	内外差值	3	4.2	112.2（节省38.93%）
苍溪县永宁镇	棚内	6	18.5	111
	棚外	10	22.4	224
	内外差值	4	3.9	113（节省50.44%）

第三节　建棚后猕猴桃园配套管理技术

一、土肥水管理技术

（一）盖膜前施足底肥控草保湿

建棚前，全园撒施生物有机肥10～20kg/株+均衡型颗粒复合肥0.5～1kg/株+中微量元素肥0.05～0.1kg/株，内浅外深进行翻耕，7d内加生根剂浇透水1次，并用松针、秸秆等进行树盘覆盖（厚度10～15cm）或园艺地布进行垄面覆盖（图11-14），行间人工播种白三叶草、毛叶苕子、紫云英等（图11-15）。根据作者多年研究结果，树盘或垄面松针覆盖能为红肉猕猴桃提供更适宜的根系生长环境（图11-16）。

图11-14　棚内地面物理控草技术（覆盖LS地布或遮阳网）

图11-15　棚内行间生草+树盘松针覆盖技术

| 松针层10cm处测试结果 | 去除松针后5cm土壤测试结果 | 行间裸露土壤5cm处测试结果 |

图11-16　松针覆盖对土壤温湿度、pH值及EC值的影响

（二）盖膜后少量多次肥水供应

棚内必须配套安装喷灌或滴灌设施。夏季日均最低温≥20℃时每2～3d补水一次，生长季节每10～15d结合补水适量添加水溶肥，肥液浓度应控制在0.5%以内（图11-17），冬季（12月至第2年2月）结合土壤情况，适当补水2～3次。

图11-17　棚内叶面肥浓度过高易造成叶片（左）和果实（右）肥害

二、花果管理技术

（一）花期做好人工辅助授粉

设施栽培后第1~2年猕猴桃物候期会有所提早，建棚后会一定程度影响蜜蜂授粉，需充分做好人工辅助授粉准备。每亩备纯花粉15~30g+染色石松粉75~300g，混匀后，分别于初花期、盛花期8—11时用授粉器喷授一次。授粉后及时浇水。

（二）采前铺反光膜增糖提色

果实套袋后半个月或果实采收前2个月，在树盘两侧各铺设宽80~100cm银白色反光膜，提高棚内光照强度，促植株生长和提高果实品质（图11-18）。

图11-18 棚内铺反光膜对果肉颜色的影响

三、整形修剪技术

（一）培养多主干上架树形

目前四川采用避雨栽培的园区，多数为已发生溃疡病的红肉猕猴桃园。建议发病植株在春季锯除感病部位后，嫁接口以上采取3~5个主干上架方式快速恢复树冠；嫁接口以下萌发的实生苗可适当保留1~2个，用作辅养枝，并在当年6—8月从基部疏除，促伤口愈合，也可在6月初用其进行夏季嫁接，增加骨干枝数量或进行品种改良。溃疡病控制下来后，选择2个强壮主干培养成永久骨架，其余逐步从基部疏除，让树形逐渐恢复至双干双蔓十六侧蔓的丰产结构。

（二）防止更新枝攀缘上棚

更新枝1m长时及时进行绑缚，并在1.5m长时进行捏尖控长。过于直立的旺盛更新枝应在20～30cm长时保留3片叶进行重短截，促发二次枝培养成更新枝。旺盛结果枝宜在开花前7～15d进行捏尖控梢，防止长势过旺顺棚架攀缘，影响树体结构（图11-19）。

图11-19　棚内枝蔓容易攀缘上棚

四、病虫害综合防治技术

（一）关注病虫发生规律变化

建棚后溃疡病、褐斑病发生率明显下降，周年用药次数可比棚外减少3～4次。但因小气候有所变化，需重点做好飞蚜、叶蝉、红黄蜘蛛、介壳虫、根结线虫以及灰霉病等防治。其中介壳虫孵化时间比棚外提早1周左右。

（二）调整好施药方法及浓度

棚内温度较露地高，生长季节施药浓度需比露地适当降低10%～20%（尤其是药肥复配时），且喷药时重点喷施叶片背面（图11-20）。

图11-20　棚内用药不当易造成果面形成药斑

第十二章　红肉猕猴桃典型案例解析

四川是世界红肉猕猴桃首个品种选育地，也是最早从事红肉猕猴桃规模化栽培的地区。在20余年种植过程中，全省围绕红肉猕猴桃早结丰产优质高效栽培做了大量探索和总结性工作，建成了一批极具代表性园区，为红肉猕猴桃在全国的大面积推广应用提供了示范。本章总结了小规模园区生态种植案例和大规模园区早结丰产案例，希望能为广大种植者提供借鉴和参考。

第一节　小规模园区生态种植案例

一、园区基本情况

近年来，四川省广元市苍溪县歧坪镇、桥溪乡等地种植户大胆探索（图12-1），在红肉猕猴桃生态种植上走出了一条特色道路，不依赖氯吡脲实现亩产量1 000kg以上，果实平均单果重80g以上，果实采收期比常规管理果园延迟1个月以上，贮藏期延长1～2个月，果实出园售价30元/kg以上。2018年11月，该区域未使用氯吡脲'红阳'（当地称为"生态果"）在"首届全国优质猕猴桃品鉴会"上荣获2项金奖以及最佳风味奖和最佳外观奖，得到同行高度评价（图12-2至图12-4）。2015年9月，作者对苍溪县歧坪镇樊家山村生态种植园的土壤和'红阳'果实品质进行了分析，结果见表12-1和表12-2。从表12-1可以看出，生态种植果园土壤pH值虽稍高于对照，但均为微酸性，属于猕猴桃种植最适pH值范围，土壤中有机质、碱解氮、有效磷、速效钾、有效铁等指标也明显高于对照。从表12-2可以看出，在果园管理得当的情况下，不使用氯吡脲，单果重也可达103.5g，使用氯吡脲的果实虽然在品质上优于同时期"生态果"，但从果实风味、外观品质及耐贮性等综合性状看，"生态果"市场前景更好。据统计，2019年，四川红肉猕猴桃"生态果"种植面积近3 000亩，今后还将大面积增加。

图12-1 四川苍溪县'红阳'猕猴桃建园改土方式

表12-1 苍溪县'红阳'猕猴桃生态种植园土壤主要化学指标

编号	pH值	有机质（%）	全氮（%）	碱解氮（mg/kg）	全磷（%）	有效磷（mg/kg）	全钾（%）	速效钾（mg/kg）	全铁（%）	有效铁（mg/kg）
A	6.63	2.76	0.134	131.3	0.065	33.3	2.36	302.0	3.55	120.2
B	6.40	2.26	0.091	100.0	0.079	37.0	1.96	185.0	3.11	100.5
CK	5.88	1.38	0.079	82.8	0.045	2.1	1.92	89.2	2.94	84.4

注：A和B均为当地生态种植代表性果园土壤，2013年春季改土定植实生苗，2014年春季嫁接红阳，2015年试投产，不使用氯吡脲亩产近500kg；CK为代表性果园临近园区土壤（采样时刚进行了土壤深翻，未定植苗木）。

表12-2 苍溪县'红阳'猕猴桃生态种植园果实品质情况

编号	单果重（g）	干物质（%）	可溶性固形物（%）	总糖（%）	总酸（%）	维生素C（g/100g）
A-1	103.5	17.5	15.6	9.2	1.15	122.1
A-2	182.3	18.7	17.0	11.4	1.01	104.1

注：A-1为当地生态种植代表性果园未使用氯吡脲的果实，即"生态果"；A-2为同一果园内使用了氯吡脲浸果的果实。均为2015年9月28日采收（当地使用氯吡脲的果实正常采收期为8月底至9月初），可溶性固形物、总糖、总酸及维生素C含量为果实软熟后测试结果。

图12-2　四川苍溪县桥溪镇'红阳'生态果

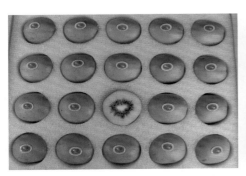

图12-3　四川苍溪县桥溪镇'红阳'生态果获奖证书

图12-4　四川苍溪县运山镇亩产万斤红阳猕猴桃园

二、主要做法及可借鉴经验

（一）定植前后土壤改良上下大功夫

开展猕猴桃生态种植的园区都非常重视土壤改良工作。作者实地调研发现，个别园区在定植前一次性亩投入腐殖土或粗有机质（如秸秆粉碎物、菌渣等）达10t以上，定植时每穴加入腐殖土或苗木基质5～10kg用于根际土壤改良，而且定植后每年在树盘或厢面撒施药渣、菌渣、腐熟牛羊粪等2t/亩以上，并且非常重视果园生草工作。

（二）高度重视人工精细授粉与叶面追肥

因开展'红阳'生态种植的园区以小户为主，户均面积<5亩，所以在人工授粉与叶面追肥上比大规模园区做得更精细到位。作者根据种植户每年授粉采集的雄花量粗略计算得出，多数园区每亩人工授粉用量在50g以上，是大面积园区用粉量的2～3倍。另外，在日常管理过程中，种植户普遍非常重视花后60d内叶面追肥工作，主要以含氨基酸、黄腐酸或腐殖酸等叶面肥为主，频次为7～10d。

第二节　大规模园区早结丰产案例

一、园区基本情况

园区位于四川省成都市大邑县王泗镇且埂村，海拔545m，土壤类型为水稻土（表土为壤土，底土为沙壤土），1月均温5.5℃、7月均温26.1℃，年降水量1 100mm，年日照时数1 033h。全园深翻后（2012年12月）土壤检测结果：pH值7.6，全氮0.076%，全磷0.09%，全钾1.8%，碱解氮48.1mg/kg，有效磷18.0mg/kg，速效钾27.2mg/kg。栽培品种以'红阳'为主（占70%），园区总面积1 060亩，行株距3.5m×2.5m，雌雄比例为8∶1。4年后（2016年12月）土壤检测结果：pH值6.63，全氮0.079%，全磷0.05%，全钾1.92%，碱解氮131.3mg/kg，有效磷37.0mg/kg，速效钾185.0mg/kg。

二、建园及管理过程概述

2012年底进行土壤改良，具体做法为：全园深翻60cm以上，每7m开深60cm、宽70cm排水沟，园区主路宽2.5m，将路面30cm表层土堆放至厢面上，道路两边配深80cm、宽80cm主排水沟。厢面用旋耕机平整耙细（图12-5）。

图12-5　四川大邑县王泗镇规模化猕猴桃园改土

2013年初采用实生苗定植，具体做法为：苗木定植前，剪除破根及大量毛细根，粗度>0.3cm根系剪留15cm长；厢面上按行株距3.5m×2.5m挖深20cm、宽40cm定植穴，每穴施生物有机肥10kg，与底土混匀后起高20cm、直径100cm定植堆，苗木定植于土堆中央。浇足定根水后用黑膜覆盖树盘。行间间作蔬菜（包括辣椒、榨菜等）（图12-6）。当年10月初开始搭架。全年肥水管理及病虫防控按照表12-3和表12-4进行。实生苗当年长势良好（图12-7）。

图12-6　实生苗定植当年全园行间间作

表12-3　实生苗定植当年全园肥水管理历

施肥日期	施肥方法（每株用量）
3月15日	甲壳素生根抗腐宁50g+水25kg，灌根
4月25日	甲壳素生根抗腐宁25g+高氮型水溶肥12.5g+水20kg，灌根
5月12日	复合微生物肥50g，撒施再浅翻
5月27日	高氮型水溶肥25g+生物菌肥50g+水20kg，灌根
6月13日	复合微生物肥50g，撒施再浅翻
7月12日	高氮型水溶肥50g+生物菌肥50g+水20kg，灌根
7月23日	复合微生物肥100g，撒施再浅翻
8月15日	高氮型水溶肥100g+生物菌肥100g+水20kg，灌根
8月25日	高磷高钾型水溶肥100g+水20kg，灌根
10月5日	生物有机肥10kg+复合微生物肥500g，撒施再深翻

表12-4　实生苗定植当年全园病虫防治历

用药日期	用药方法
3月25日	0.136%赤·吲乙·芸薹可湿性粉剂15 000倍液+2.5%高效氟氯氰菊酯水乳剂1 000倍液+高氮型水溶肥500倍液
4月25日	0.136%赤·吲乙·芸薹可湿性粉剂15 000倍液+10%苯醚甲环唑水分散粒剂1 500倍液+高氮型水溶肥500倍液
6月18日	70%丙森锌可湿性粉剂700倍液+2.5%高效氟氯氰菊酯水乳剂1 000倍液+高氮型水溶肥600倍液
7月26日	0.136%赤·吲乙·芸薹可湿性粉剂15 000倍液+70%丙森锌可湿性粉剂700倍液+2.5%高效氟氯氰菊酯水乳剂1 000倍液+均衡型水溶肥500倍液
8月28日	43%代森锰锌可湿性粉剂500倍液+2.5%高效氟氯氰菊酯水乳剂1 000倍液+10%苯醚甲环唑水分散粒剂1 500倍液

图12-7　实生苗定植当年生长情况

　　2014年1月5—20日完成嫁接。嫁接成活后及时抹除基部实生萌芽，培养单干上架，在嫁接芽超出架面40cm左右对主干进行重摘心（架面以下20cm左右处），培养两主蔓；当两主蔓长度超出1/2株距时，进行摘心并将主蔓绑平；及时抹除主蔓分权处附近萌芽，选留主蔓中上部萌芽培养成侧蔓。侧蔓长度超过1/2行距时进行捏尖控长。全年肥水管理及病虫防控按照表12-5和表12-6进行。嫁接苗当年成活率高且苗木生长好（图12-8、图12-9）。

表12-5　嫁接当年全园肥水管理历

施肥日期	施肥方法
4月24日	甲壳素生根抗腐宁100g+高氮型水溶肥50g+水25kg，灌根
5月20日	复合微生物肥100g，撒施再浅翻
6月5日	高氮型水溶肥100g+生物菌肥150g+水25kg，灌根
7月8日	高磷高钾型水溶肥100g+生物菌肥150g+水25kg，灌根
7月25日	复合微生物肥150g，撒施再浅翻
8月17日	复合微生物肥200g，撒施再浅翻
10月15日	生物有机肥10kg+复合微生物肥500g，撒施再深翻

表12-6 嫁接当年全园病虫防治历

用药日期	用药方法
5月10日	0.136%赤·吲乙·芸薹可湿性粉剂15 000倍液+2.5%高效氟氯氰菊酯水乳剂1 000倍液+43%代森锰锌可湿性粉剂500倍液
6月20日	0.136%赤·吲乙·芸薹可湿性粉剂15 000倍液+2.5%高效氟氯氰菊酯水乳剂1 000倍液+43%代森锰锌可湿性粉剂500倍液+高氮型水溶肥500倍液
7月13日	1%甲氨基阿维菌素苯甲酸盐乳油1 500倍液+高钾型叶面肥500倍液
8月5日	43%代森锰锌可湿性粉剂500倍液+10%苯醚甲环唑水分散粒剂1 500倍液+高钾型叶面肥500倍液
12月20日	0.3%四霉素水剂600倍液+97%矿物油乳油100倍液

图12-8 实生苗生长一年后春季嫁接情况

图12-9 嫁接当年植株生长情况

2015年春季及时抹除主干萌芽和侧蔓上过密芽，对主干抽发的结果枝上花蕾进行大量疏除，主要保留侧蔓上结果枝花蕾，花期人工辅助授粉2次，授粉后5d左右对结果枝保留12～15片叶摘心，更新枝和主干上萌发的营养枝长度超过1/2行距时进行捏尖控梢。全年肥水管理及病虫防控按照表12-7和表12-8进行。当年每亩产量400kg（图12-10）。

表12-7　嫁接第2年（试投产年）全园肥水管理历

施肥日期	施肥方法
3月4日	复合微生物肥70g+哈茨木霉菌1g+中量元素水溶肥30g+水25kg，灌根
4月15日	生物菌肥150g+均衡型水溶肥100g+水25kg，灌根
4月28日	复合微生物肥500g，撒施再浅翻
6月13日	复合微生物肥150g+高钾型水溶肥100g+水25kg，灌根
7月14日	复合微生物肥500g，撒施再浅翻
8月1日	复合微生物肥100g+高钾型水溶肥100g+水25kg，灌根
9月23日	生物有机肥10kg+复合微生物肥500g，撒施再深翻

表12-8　嫁接第2年（试投产年）全园病虫防治历

用药日期	用药方法
3月20日	72%农用链霉素水剂150倍液+43%代森锰锌可湿性粉剂500倍液
5月25日	43%代森锰锌可湿性粉剂500倍液+70%吡虫啉可湿性粉剂7 500倍液+中量元素水溶肥（Ca≥170g/L）500倍液
6月27日	10%苯醚甲环唑水分散粒剂1 500倍液+43%代森锰锌可湿性粉剂500倍液+1%甲氨基阿维菌素苯甲酸盐乳油1 500倍液+中量元素水溶肥（Ca≥170g/L）500倍液
7月16日	43%代森锰锌可湿性粉剂500倍液+75%肟菌·戊唑醇水分散粒剂4 000倍液+2.5%高效氟氯氰菊酯水乳剂1 000倍液+高钾型叶面肥500倍液
9月20日	2%春雷霉素水剂300倍液+38%唑醚·啶酰菌水分散粒剂1 500倍液+1%甲氨基阿维菌素苯甲酸盐乳油1 500倍液
12月25日	0.3%四霉素水剂600倍液+97%矿物油乳油100倍液

图12-10　园区第1年挂果情况

三、成效及可借鉴经验

（一）管理成效

2013年春季实生苗定植成活率99.5%，冬季落叶时实生苗离地面15cm范围普遍为单主干，地径1.5cm以上（最大2.8cm），二次枝6枝以上（平均粗0.6cm以上）。

2014年春季实现嫁接成活率95.8%，冬季落叶时植株地径2.5cm以上（最大3.4cm），嫁接口以上2cm处粗度1.5cm以上，两主蔓上架率89%（主蔓平均粗1.3cm以上），侧枝平均6枝以上（侧枝平均粗1.0cm以上、长度140cm以上）。单主干双主蔓六侧枝（126树形）结构基本形成。

2015年冬季落叶植株地径4.5cm以上（最大5.3cm），嫁接口以上2cm处平均粗3.2cm以上，两主蔓平均粗2.3cm以上，更新枝12枝以上、粗1.5cm以上。田间测产结果显示，每株平均挂果62个，平均单果重104g，亩产量

399kg。单主干双主蔓十二侧枝（1212树形）结构基本形成（图12-11）。

2016年冬季落叶时植株地径7.5cm以上（最大9.2cm），嫁接口以上2cm处平均粗4.1cm以上，两主蔓分权口以上2cm处平均粗3.2cm以上，更新蔓14枝以上、分权处平均粗1.65cm以上。田间测产结果显示，每株平均挂果148个，平均单果重111.2g，亩产量1 102.7kg。单主干双主蔓十四侧枝（1214树形）结构基本形成（图12-12）。

图12-11　园区植株整齐、根系发育好、产量高

图12-12　园区第2年投产情景

（二）可借鉴经验

1. 平坝区选址建园需重视土壤类型

该园区虽然为水稻土，但30cm以下底土以沙壤为主，没有深厚的犁底层（黏壤土层），通过深翻60cm将表层壤土与底土混匀后，根系生长区域

的土壤疏松透气性高，且遇暴雨天气园区不容易积水。

2. 栽植苗木前要重视土壤改良培肥

该园区在深翻前未全园撒施腐熟有机肥进行土壤改良，但真正要做到事半功倍，建园时必须加强这块工作，好在该园区对根际（树盘）土壤的改良培肥做的较到位，如苗木栽植前每穴施10kg生物有机肥，栽苗后全年非常重视生物有机肥、复合微生物肥和生物菌肥的投入，这是后期植株能实现较为理想长势的重要原因。

3. 规模化园区肥（药）水一体化非常重要

该园区建园初期因未及时配套肥水一体化管道设施，主要依靠便捷的园区机耕道路，采用移动式肥水一体化系统进行少量多次施肥，后期管道设施安装后，追肥更加便捷。值得借鉴的是其定植当年用肥坚持少量多次、前促后控原则，每次土壤施肥的肥液浓度均控制在1%以内，从未出现过肥害伤根现象。另外，该园区因肥水管理到位，植株长势良好，病虫害少，全年喷药虽然仅5~6次（目前多数园区为8次以上），但因每次用药及时高效，且选择性添加了少量叶面肥，因此防控效果好。

参考文献

崔致学，1993. 中国猕猴桃[M]. 济南：山东科学技术出版社.

付崇毅，张秀芳，王玉静，等，2013. 施用有机肥和硫黄粉对北方日光温室南丰蜜橘生长及石灰性土壤化学性质的影响[J]. 中国土壤与肥料（2）：17-21.

郭旭华，朱继红，赵英杰，等，2011. 猕猴桃中晚熟新品种晚红的选育[J]. 中国果树（5）：8-11，77.

何鹏，涂美艳，高文波，等，2018. 四川省猕猴桃生态气候适宜性分析及精细区划研究[J]. 中国农学通报，34（36）：124-132.

黄宏文，2013. 猕猴桃属：分类·资源·驯化·栽培[M]. 北京：科学出版社.

黄宏文，2013. 中国猕猴桃种质资源[M]. 北京：中国林业出版社.

黄伟，万明长，乔荣，2012. 贵州猕猴桃产业发展现状与对策[J]. 贵州农业科学，40（4）：184-186.

姜丽琼，岁立云，李文俊，等，2017. 猕猴桃组培快繁技术研究[J]. 林业科技通讯（11）：28-31.

兰建彬，寇琳羚，陈泽雄，等，2017. 重庆市猕猴桃产业发展现状及对策[J]. 南方农业，11（22）：81-84.

李靖，涂美艳，钟程操，等，2019. 6个猕猴桃品种抗溃疡病差异及生理机制研究[J]. 西南农业学报，32（11）：2579-2585.

李丽琼，陈大明，王永平，等，2020. 云南猕猴桃产业发展现状分析[J]. 农业科技通讯（10）：4-7.

李明章，董官勇，郑晓琴，等，2014. 红肉猕猴桃新品种'红什2号'[J]. 园艺学报，41（10）：2153-2154.

李青苗，李彬，郭俊霞，等，2016. 生石灰、硫黄对土壤pH、川芎生长发育及药材中镉含量的影响[J]. 中药材，39（1）：16-20.

李新伟，2007. 猕猴桃属植物分类学研究[D]. 武汉：中国科学院研究生院（武汉植物园）.

刘春阳，2016. 生物肥料对'红阳'猕猴桃园土壤理化性质及产量、品质的影响[D]. 成都：四川农业大学.

刘凤礼，2015. 淹水对不同砧木猕猴桃生理生化特性的影响[D]. 杭州：浙江农林大学.

刘健，王彦昌，吴世权，等，2016. 红肉型猕猴桃新品种红昇的选育及栽培技术[J]. 落叶果树，48（4）：26-29.

刘飘，林立金，宋海岩，等，2021. 避雨栽培对猕猴桃园小气候环境及主要病害的影响[J]. 西南农业学报，34（12）：2613-2620.

刘飘，涂美艳，宋海岩，等，2022. 避雨栽培对猕猴桃叶片生理生化指标及果实品质的影响[J]. 西南农业学报，35（1）：43-49.

马凤仙，涂美艳，黄昌学，等，2015. 暴雨洪涝灾后猕猴桃果园生产恢复措施[J]. 四川农业科技（8）：17.

岁立云，刘义飞，黄宏文，2013. 红肉猕猴桃种质资源果实性状及AFLP遗传多样性分析[J]. 园艺学报，40（5）：859-868.

涂美艳，2019. 猕猴桃果肉颜色差异机理及相关EST-SSR分子标记开发[D]. 成都：四川农业大学.

涂美艳，黄昌学，陈栋，等，2018. 四川猕猴桃产区溃疡病综合防治月历表[J]. 四川农业科技（1）：31-33.

涂美艳，江国良，陈栋，等，2012. 四川省猕猴桃产业发展现状及对策[J]. 湖北农业科学，51（10）：1945-1949.

涂美艳，江国良，陈栋，等，2016. 猕猴桃冻害预防及灾后挽救建议[J]. 四川农业科技（3）：10-11.

涂美艳，孙淑霞，李靖，等，2020. 红肉猕猴桃早采危害、原因剖析及防控建议[J]. 四川农业科技（5）：13-15.

涂美艳，唐合均，宋海岩，等，2021. 四川盆周山区猕猴桃野生资源调查及保护利用建议[J]. 四川农业科技（7）：59-62.

涂美艳，徐子鸿，陈栋，等，2020. 红肉猕猴桃周年管理历——以四川产区为例[J].四川农业科技（6）：11-14.

涂美艳，杨述，陈栋，等，2011.四川盆周丘陵区猕猴桃园改土与定植技术[J].
北方园艺（22）：62-63.

涂美艳，钟程操，李靖，等，2019.不同田间措施对猕猴桃溃疡病防控效果比
较研究[J].西南农业学报，32（11）：2586-2591.

涂美艳，庄启国，马凤仙，等，2014.猕猴桃溃疡病秋冬季综合防控技术[J].
北方园艺（4）：112.

王丽华，郑晓琴，庄启国，等，2016.红肉猕猴桃新品种'红什1号'[J].园艺
学报，43（1）：193-194.

王明忠，2003.红肉猕猴桃可持续育种研究[J].资源开发与市场（5）：309-310.

王明忠，2006.红肉猕猴桃新品种红华的选育[J].中国果业信息（7）：61-62.

王明忠，李兴德，余中树，等，2005.彩色猕猴桃新品种红美的选育[J].中国
果树（4）：10-12，66.

王明忠，余中树，2013.红肉猕猴桃产业化栽培技术[M].成都：四川出版集
团、四川科学技术出版社.

王瑞玲，李明章，王永志，等，2017.红肉猕猴桃新品种适时采收指标研究[J].
资源开发与市场，33（12）：1510-1513，1408.

伍洪昭，徐子鸿，涂美艳，等，2021.红阳猕猴桃有机栽培技术及发展前景[J].
四川农业科技（8）：23-25.

许晖，1989.中华猕猴桃花器官的分化与发育[J].中国果树（1）：9-12，63.

郁俊谊，刘占德，姚春潮，等，2015.猕猴桃新品种'脐红'[J].园艺学报，
42（7）：1409-1410.

张茜，李明章，王丽华，等，2020.红肉猕猴桃新品种红实2号果实生长规律研
究[J].湖北农业科学，59（10）：4

赵婷婷，韩飞，陈美艳，等，2018.基于3种模型的猕猴桃重要栽培品种需冷
量研究[J].中国果树（6）：36-39.

钟彩虹，韩飞，李大卫，等，2016.红心猕猴桃新品种'东红'的选育[J].果
树学报，33（12）：1596-1599.

钟彩虹，黄宏文，2018.中国猕猴桃科研与产业四十年[M].合肥：中国科学技
术大学出版社.

钟彩虹，王中炎，卜范文，2005.猕猴桃红心新品种楚红的选育[J].中国果树（2）：6-8，62.

庄启国，文星刚，王丽华，等，2015.4种药剂对红阳猕猴桃根腐病的田间防治研究[J].资源开发与市场，31（4）：387-389.

TRAN L L，马海洋，同延安，等，2012.猕猴桃黄化病营养诊断与土壤养分相关性的研究[J].中国土壤与肥料（6）：41-44.

红肉猕猴桃周年管理历

（以四川产区为例）

本附录基于红肉猕猴桃在四川产区的物候期表现，按月份提出了主要农事管理操作要点，供广大种植户参考。

一、阳历2—3月：红肉猕猴桃伤流期、萌芽展叶期

（一）土肥水管理技术要点

在芽萌动初期根据土壤墒情进行灌水。行间人工生草（如紫云英、白三叶等）。展叶后幼龄树根部灌施高氮低磷低钾水溶肥50g/株；投产树根部灌施平衡型或中氮高磷低钾水溶肥100g/株，每7～10d施1次。施肥灌水时可加入腐殖酸肥、有机碳肥、海藻肥或生物菌肥效果更佳，建议树盘秸秆覆盖，厚度10～15cm。春季土施水溶肥浓度需控制在2%以内。幼树纯氮肥土施浓度宜1%以内。

（二）整形修剪技术要点

刚定植的实生苗选留1个粗壮萌芽，其余抹除；未投产的幼树及时抹除基部实生萌芽和主干萌芽，培养粗壮主干、主蔓；投产树尽早抹除结果母蔓上过密芽、两主蔓分权处壮芽；高接换种树选留基部1个实生萌蘖养根，多余抹除。溃疡病严重园区尽量少抹芽，可以在花前采取疏枝、疏花进行控产。溃疡病感病植株采取分级方式处理。

（三）花果管理技术要点

高接换种或刚嫁接植株，尽早摘除嫁接芽上的花蕾。投产树现蕾后，及时疏除侧花蕾。

（四）病虫害防控技术要点

主要防治灰霉病、花腐病、炭疽病、溃疡病；蚜虫、飞虱、蓟马、金龟子等。萌芽前，及时悬挂粘虫板（黄板为主，蓝板为辅）和诱虫灯（紫光灯为主、黑光灯为辅）。芽萌动后15d，全园喷3%噻霉酮可湿性粉剂500～600倍液+40%嘧霉·百菌清悬浮剂500～800倍液+70%吡虫啉水分散粒剂10 000～15 000倍液+2.5%高效氯氟氰菊酯水乳剂1 000～1 500倍液。加强巡园，严重病枝病叶需清出园区。头一年早期落叶或灰霉病严重的园区在芽鳞片松动时可单独喷1次50%福美双可湿性粉剂500～1 000倍液。

二、阳历4月：红肉猕猴桃盛花期、坐果期

（一）土肥水管理技术要点

谢花后，幼树或初挂果树施高氮型（如22-8-10）水溶肥或稳定性长效肥100～200g/株；成年树施高钾型（如11-12-18）水溶肥或稳定性长效肥150～250g/株。4月中旬，及时灌水并追施水溶肥；幼树根部灌施高氮型水溶肥50g/株；成龄树灌施平衡型或中氮低磷高钾型水溶肥（如20-5-30+TE）100g/株+含腐殖酸生物菌肥（如根院士或甲壳素）100g/株。少量多次施用效果更佳。结合病虫防治叶喷螯合钙镁叶面肥1 000倍液+海藻叶面肥1 000倍液。有根结线虫园区采用阿维·噻唑磷10～15g/株灌根，也可增施含淡紫拟青霉的生物有机肥。

（二）整形修剪技术要点

实生苗继续抹除基部萌芽，对选留萌芽绑扶。幼树继续抹除树干基部和主干上萌芽，培养粗壮主干、主蔓。投产树在花前尽早疏除侧花蕾，对结果枝进行捏尖，旺长结果枝进行重短截促发二次梢。雄株花后重修剪，以回缩为主，疏除弱枝为辅。

（三）花果管理技术要点

及时做好人工辅助授粉工作。一般亩产1 000kg红肉猕猴桃园区，需使用纯花粉20g以上。自然授粉园区要随时观察雄株开花情况，出现物候期推

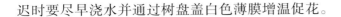

迟时要尽早浇水并通过树盘盖白色薄膜增温促花。

（四）病虫害防治技术要点

主要防治灰霉病、花腐病、炭疽病、溃疡病；蚜虫、飞虱、叶甲、金龟子、介壳虫等。花前10d，清除园区黄板、蓝板，全园喷2%春雷霉素水剂300～500倍液+38%唑醚·啶酰菌水分散粒剂1 000～2 000倍液+22.4%螺虫乙酯悬浮剂3 000～4 000倍液+天然橙皮精油1 500～2 000倍液。谢花后7d，全园喷60%唑醚·代森联水分散粒剂750～1 500倍液+14%氯虫·高氯氟微囊悬浮剂3 000～5 000倍液。配药时可加入0.136%赤·吲乙·芸薹可湿性粉剂（碧护）10 000～14 000倍液或0.01%14-羟基芸薹素甾醇水剂3 000～4 000倍液或0.5%氨基寡糖素水剂500倍液。

三、阳历5月：红肉猕猴桃果实快速膨大期

（一）土肥水管理技术要点

5月上中旬，幼树根部灌施平衡型水溶肥50g/株；成龄树根部灌施中氮高钾型水溶肥100g/株+中微量元素水溶肥（如中微红）100g/株，每7～10d施1次。结合病虫防治叶喷螯合钙镁叶面肥1 000倍液+海藻叶面肥1 000倍液。树盘秸秆覆盖，行间人工割草。

（二）整形修剪技术要点

实生苗在主干60cm长时摘心，并继续抹除基部萌芽，促干粗壮。未投产树适时摘心和抹芽，培养粗壮主干和主蔓。投产树对旺盛生长的结果枝进行适度摘心或"零芽"修剪。长势旺的植株可在两主蔓分杈处环割。

（三）花果管理技术要点

套袋前不能使用乳剂、乳油剂农药。谢花后10d及时疏果。土壤条件优越且疏花疏果工作到位的园区不建议使用氯吡脲浸果。需要浸果的园区，在谢花后15～20d及时浸果，'红阳'等小果型红肉品种氯吡脲使用浓度宜≤10.00mg/L（即0.1%有效含量氯吡脲可溶性液剂50mL兑水≥5kg）；'东红''金红1号'等中果型红肉品种氯吡脲使用浓度宜≤6.67mg/L（即0.1%

有效含量的氯吡脲可溶性液剂50mL兑水≥7.5kg）。浸果时不建议添加助剂。

（四）病虫害防控技术要点

主要防治灰霉病、花腐病、炭疽病、褐斑病；红蜘蛛、叶蝉、金龟子、介壳虫、卷叶蛾、灯蛾等。可选择325g/L苯甲·嘧菌酯悬浮剂1 500～2 000倍液+25%寡糖·嘧霉胺悬浮剂600～1 000倍液+40%氯虫·噻虫嗪水分散粒剂3 000～5 000倍液+天然橙皮精油1 500～2 000倍液喷1次。

四、阳历6月：红肉猕猴桃果实、枝梢同步快速生长期

（一）土肥水管理技术要点

6月上旬幼龄树根部灌施中氮高钾型水溶肥50g/株；成龄树根部灌施中氮高钾型或高钾型水溶肥（如13-6-40+TE）150g/株+含腐殖酸生物菌肥100g/株。结合病虫防治，可喷施0.3%磷酸二氢钾或其他中微量元素叶面肥1～2次。

（二）整形修剪技术要点

实生苗的二次枝60cm长时摘心，继续抹除基部萌芽。幼树适时摘心和抹芽，培养粗壮主干和主蔓。投产树剪除内膛旺枝。对结果枝进行二次控梢。6月初是四川红肉猕猴桃夏季嫁接的重要时期。

（三）花果管理技术要点

建议选用单层棕色或棕黄色纸袋在6月中旬前完成果实套袋。套袋前全园喷一次杀虫杀菌剂。

（四）病虫害防控技术要点

褐斑病防控的最佳时期；害虫有红蜘蛛、椿象、叶蝉、叶甲、象甲、金龟子、介壳虫、斜纹夜蛾、菜粉蝶等。全园悬挂斜纹夜蛾性诱剂或糖醋液。套袋前用70%丙森锌可湿性粉剂400～600倍液+75%肟菌·戊唑醇水分散粒剂2 500～4 500倍液+30%吡丙·虫螨腈悬浮剂2 000～2 500倍液喷1次，重点喷果实。

五、阳历7月：红肉猕猴桃果实缓慢生长期

（一）土肥水管理技术要点

7月上旬，幼龄树根部灌施平衡型或高钾水溶肥50g/株；成龄树根部灌施高钾型水溶肥（如13-6-40+TE）150g/株+含腐殖酸生物菌肥100g/株。避雨棚内一定要加强水分管理，保持土壤田间持续水量70%～80%。

（二）整形修剪技术要点

实生苗的三次枝可以考虑上架，促主干粗壮。幼树主蔓适时摘心，并及时抹除主蔓分杈处萌芽，促主蔓粗壮。投产树及时疏除内膛旺枝，对生长旺盛更新枝进行捏尖控长，促花芽分化。

（三）病虫害防控技术要点

主要防治黑斑病、褐斑病、软腐病等；斜纹夜蛾、菜粉蝶等。防治方法为：7月上中旬，全园喷43%氟菌·肟菌酯悬浮剂3 000～4 000倍液+450g/L咪鲜胺水乳剂1 000～2 000倍液+27%联苯·吡虫啉悬浮剂1 000～1 500倍液1次。

（四）注意事项

检查园区排灌系统，清淤加深主排水渠。叶面补充钙肥1～2次，可提高果实采后贮藏期和货架期。

六、阳历8月：'红阳'猕猴桃果实干物质积累期、采摘期

（一）土肥水管理技术要点

8月上旬，投产园控水控氮，叶面喷施高钾叶面肥1 000倍液或0.3%磷酸二氢钾，每7～10d 1次；土壤干燥时，根灌磷酸二氢钾或氯化钾150g/株+中微量元素水溶肥100g/株，肥液浓度控制在2%以内。注意园区排湿，防止根腐病暴发。

（二）整形修剪技术要点

剪除树干基部萌蘖。采摘前可适当疏除内膛过旺营养枝，改善树冠通

风透光条件。

（三）果实管理技术要点

提前做好采摘准备，8月20日开始监测'红阳'猕猴桃采摘指标（测试可溶性固形物、干物质含量），达到采摘标准后有序开展采摘工作。

（四）病虫害防控技术要点

主要防治黑斑病、褐斑病、根腐病等；斜纹夜蛾等。8月上旬（红肉采前20d），全园喷2%春雷霉素水剂300～500倍液+38%唑醚·啶酰菌水分散粒剂1 000～2 000倍液+5%甲氨基阿维菌素苯甲酸盐水分散粒剂8 000～10 000倍液1次。

七、阳历9月：其他红肉猕猴桃品种采摘期、采后秋施基肥期

（一）土肥水管理技术要点

9月中下旬，土施生物有机肥8～15kg/株+高钾（如11-12-18）或均衡型（如15-15-15）稳定性长效复合肥150～250g/株。过酸土壤可施用土壤调理剂20～40kg/亩，中性或碱性土壤可施用硫黄50～150kg/亩。秋施基肥后2～3d内全园灌透水1次，并加入少量生根剂。

（二）整形修剪技术要点

剪除树干基部萌蘖。当年嫁接的植株及时绑蔓。

（三）病虫害防控技术要点

主要防治褐斑病、黑斑病、根腐病；斜纹夜蛾、蠹蛾等。9月中下旬（采后5～10d），全园喷30%螺虫·吡丙醚悬浮剂3 000～5 000倍液1次，无死角。

（四）注意事项

采后果袋需及时进行清理填埋。未用氯吡脲浸果'红阳'猕猴桃采收期推迟1个月。

八、阳历10月：红肉猕猴桃树体营养回流期

（一）土肥水管理技术要点

10月上中旬，继续施基肥。秋施基肥后行间播种豌豆、蚕豆、毛叶苕子、苜蓿等豆科作物。树盘用秸秆、松针等进行覆盖保湿。

（二）整形修剪技术要点

成年树不建议动剪。幼树继续做好绑蔓工作。早期落叶严重的植株在秋施基肥时要少施氮肥，防止大量抽发秋梢。

（三）病虫害防控技术要点

主要防治叶斑病、褐斑病；介壳虫等。不建议盲目使用农药。

（四）注意事项

新建园需做好土壤改良工作，为苗木定植作准备。

九、阳历11月：红肉猕猴桃落叶期

（一）土肥水管理技术要点

继续完成秋施基肥工作，防止土壤过干。

（二）整形修剪技术要点

11月中下旬开始，规模化园区可进行粗略冬修，即主要疏除内膛多余旺枝，回缩更新枝。不进行短截。修剪后尽早用伤口保护剂（封口漆、伤口保等）涂抹伤口。

（三）病虫害防控技术要点

主要防治溃疡病。11月底，粗剪后，全园喷45%代森铵水剂600～800倍液或46%氢氧化铜水分散粒剂1 500～2 000倍液1次。成龄园用树干涂白剂涂干。有条件的园区及时安装避雨棚防病。

（四）注意事项

修剪下来的枝条可用粉碎机粉碎后集中堆沤发酵还田，或均匀撒在行间后及时喷施清园药剂。

十、阳历12月至第2年1月：红肉猕猴桃休眠期

（一）土肥水管理技术要点

完成冬季修剪和清园工作后，建议尽早对表土进行浅耕，土壤过干时注意浇水保湿。

（二）整形修剪技术要点

最好12月底前完成冬季修剪和枝蔓绑缚工作。高海拔地区建议12月带叶修剪，不要等到霜雪来临后再修剪。修剪时要重视修剪工具消毒。修剪后及时用伤口保护剂涂抹伤口。

（三）病虫害防控技术要点

防治溃疡病、介壳虫等。全面完成修剪后，全园喷5波美度石硫合剂，或30%松脂酸钠水乳剂100～200倍液+97%矿物油乳油100～200倍液，或0.3%四霉素水剂600～800倍液+97%矿物油乳油100～150倍液清园1次，无死角。12月底前安装避雨棚对第2年春季溃疡病有明显防效。

（四）注意事项

介壳虫严重的植株需在喷药前用钢丝球或丝瓜瓤刮除介壳后再喷药。